JN430492

미완의 완성,
보베 대성당

고딕이 꽃피운 대성당의 시대

일러두기

이 책은 다음과 같이 표기한다.

1. 외래어는 외래어표기법에 따랐으나 인명, 지명 등의 독음은 원어 발음을 존중해 그에 따르고, 관용적인 표기와 동떨어진 경우 절충하여 실용적인 표기로 하였다.

2. 서양 건축 용어와 관련 단어들은 한글로 번역되어 일반화된 단어를 제외하고 현재 통용되는 현대 영어를 중심으로 표기하였으며, 영어 외에 외래어는 이탤릭체로 표기하였다.

3. 사용된 외래어는 가급적 반복적으로 병기하여 용어에 익숙해지도록 하였다.

4. 단행본·전집 등은 겹낫표(『 』), 논문·단편 등은 홑낫표(「 」), 그 외 TV 프로그램, 예술 작품 등의 제목은 홑화살괄호(〈 〉)로 표시하였다.

5. 직접적으로 인용한 부분은 큰따옴표(" "), 재인용이나 강조한 것은 작은따옴표(' ')로 표기하였다.

6. 본문의 직접 제작한 도면이나 구입한 사진 외의 이미지는 공공 이미지 중 퍼블릭 도메인, 상업적 사용이 가능한 이미지를 선별하여 수록하고 본문 말미에 저작권자 및 출처를 표기하였다.

미완의 완성,
보베 대성당

고딕이 꽃피운 대성당의 시대

홍성우 지음

씨
아이
알

들어가며

섭씨 40도를 훌쩍 넘는, 구름 한 점 없는 하늘 아래 쏟아지는 태양의 강렬한 빛은 마치 레이저처럼 얼굴을 파고들어 금세 화상을 입을 것처럼 따갑게 느껴진다. 뜨거운 햇볕 아래에 자동차를 주차하면 유리창의 선팅만으로는 역부족이고, 대시보드 위에 펼쳐둔 선바이저의 유무가 차를 바로 출발할 수 있는지를 결정한다. 이런 애리조나 사막의 실외에서는 선글라스가 단순한 패션 아이템이 아닌, 설맹을 막기 위해 고글을 착용하는 산악인처럼 몸의 일부가 된다. 운전할 때면 늘 눈앞에 있었고, 흐린 날이나 비 오는 날도 예외는 없었다.

요즘처럼 LED 조명으로 밝아진 터널 안에서는 굳이 선글라스를 벗을 필요가 없지만, 가족여행 중 지나던 어둡고 좁은 산악 터널에서는 달랐다. 곡선형 내리막 터널 안에서, 앞차의 브레이크 불빛에 의지해 마치 초보 운전자처럼 핸들을 꼭 쥐고 운전의 미숙함을 자책하고 있을 때, 옆자리에서 긴장하던 아내가 조용히 말하였다. "당신, 선글라스 좀 벗고 운전해요." 그 한 마디에 터널 속의 공포에서 벗어날 수 있었다.

이처럼 실외에서 유용한 선글라스도 실내에서는 오히려 불편해 자주 벗게 되는데, 안경에 익숙하지 않은 나는 아끼던 선글라스를 자주 잃어

버리곤 했다. 비행기 안에 두고 내린 것을 뒤늦게 알아차려 허겁지겁 다시 기내로 뛰어들어 청소하던 이들을 당황하게 한 적도 있고, 선글라스를 쓴 채 미숙한 수영을 하다 태평양 바다 속에 수장시킨 적도 있었다. 하지만 그중 가장 기억에 남는 것은, 논문을 위해 찾았던 프랑스 보베 대성당Beauvais Cathedral까지 함께했던 선글라스일 것이다.

처음 방문한 프랑스에서는 책과 사진으로만 접해오던 건물들을 직접 마주하게 된다는 설렘보다는, 말이 통하지 않는 낯선 땅을 혼자 밟는 두려움이 더 앞섰다. 누군가와 함께하지 않은 첫 여행이었고, 이후 시간이 흐른 지금까지도 혼자 길을 나선 적은 없다. 요즘 같으면 넘치는 정보 속에서 시간 단위로 계획을 세웠겠지만, 그때는 마치 중세의 순례자가 손에 쥔 지침서만을 의지해 낯선 길을 걸었던 것처럼, 『프랑스 여행안내서Fodor's Affordable France』 최신판 한 권을 들고 불확실한 일정 속에서 대성당을 찾아다녔다.

대성당 대부분은 기차역이 있는 도시 중심부에 자리하고 있어 비교적 쉽게 찾을 수 있지만, 모든 건물이 그러한 것은 아니었다. 하루 일정은 열차 시간에 좌우되었고, 도시 간에 열차 편이 많거나 시간이 충분할 때는 도시의 분위기를 충분히 즐길 수 있었지만 그렇지 않은 경우에는 모든 것이 급박했다. 기차역에 서서히 진입할 때 차창 너머로 대성당의 첨탑이 눈에 들어오기라도 하면 마음이 한결 여유로웠지만, 시야에 들어오지 않으면 내리자마자 모든 정보를 총동원해야 했다.

아름다운 중세 도시 랑Laon의 역사驛舍를 나설 때는 차창 너머 가까워 보이던 대성당이 언덕 위에서 도시를 굽어보고 있었다. 급히 다음 열차 시간을 확인한 뒤, 택시에 올라 대성당으로 향했고, 돌아오는 길은 다소 여유롭게 중세의 흔적을 만끽하면서 걸어 내려왔다. 수아송 대성당

그림 1 프랑스 북부 도시 랑*Laon*의 가장 높은 곳에 건축된 대성당

Soissons Cathedral을 찾았을 때는 역에서 도보로 접근할 수 있는 거리도 아니었고, 다음 열차 시간까지 채 한 시간이 남지 않는 최악의 상황이었다. 그냥 포기하고 돌아서기엔 너무 아쉬워, 타고 간 택시를 대성당 옆에 세워둔 채 외부와 내부를 눈에 담기에 정신없었던 순간들이 지금은 추억으로 남아 있다.

보베 대성당을 방문하던 날은 오랜만에 구름 한 점 없는 선글라스를 착용하기에 더없이 좋은 날씨였다. 고딕 양식 최고의 걸작인 아미앵 대성당 Amiens Cathedral을 감상하고, 파리에 있는 숙소로 돌아가기 전에 들른 보베 *Beauvais*에서는 오랜만에 시간의 제약 없이 대성당으로 향할 수 있었다. 한결 가벼운 마음으로 유럽 북부의 목조주택과 잘 어우러진 도시의 분위기를 감상하면서 거닐다 보니 어느덧 사진과 도면으로만 접해왔던 보베 대성당이 반쪽의 초라한 모습으로 나를 맞이하였다. 완성되지 못한 비운의

미완의 완성, 보베 대성당_고딕이 꽃피운 대성당의 시대

아픔을 공감하면서 높은 계단을 올라 육중한 문을 열고 정면을 향해 고개를 돌리는 순간, 그대로 얼어붙고 말았다.

수없이 많은 사진과 영상을 통해 그 웅장함을 알고 있었음에도 불구하고 석양에 비친 그랜드 캐니언의 거대한 협곡을 내려다보았을 때 자연의 경이로움과 장엄함에 한동안 겸허히 바라보았던 그 순간과 같이, 순수한 인간의 손으로 만들어낸 인공적인 공간에서도 설명할 수 없는 동일한 감동이 밀려왔다. 바닥에 앉아 방문의 목적도 잊은 채 멍하니 굳어 있을 때, 마치 연출이나 한 듯이 울려 퍼지는 파이프 오르간의 선율은 신앙의 유무를 떠나 종교적 감흥을 느끼도록 하기에 충분하였다.

대성당 바닥에 홀로 앉아, 천상의 소리와 스테인드글라스를 통해 쏟아지는 빛의 향연을 온전히 받아들이고 있을 때, 정적을 깨는 종소리가 하루의 마감을 알렸다. 눈으로 담기엔 턱없이 부족한 시간을 메우기 위해 슬라이드 필름의 소중함과 카메라 노출을 점검할 틈도 없이 셔터를 눌러댔다. 신부님과 마지막 눈인사를 나누고, 아쉬움을 뒤로한 채 밖으로 나왔을 때, 함께하던 선글라스가 건물 내부 바닥에 놓여 있다는 것을 깨달은 건, 대성당 외벽의 플라잉 버트리스를 감상하기 위해 맑은 하늘을 올려다보던 바로 그 순간이었다.

급히 되돌아가 굳게 닫힌 문을 두드려 보았지만, 인적 없는 주변의 고요함만이 정적을 삼키고 있었다. 내부에서 많은 시간을 보내지 못한 아쉬움을 달래기 위해 외부를 천천히 둘러보며, 혹시나 하는 마음에 남측과 북측의 계단을 번갈아 오르내리며 닫힌 문을 두드려 보았지만, 정적은 끝내 깨지지 않았다. 결국, 화려하게 장식된 후기 고딕 양식의 육중한 문 앞에 선글라스 케이스와 함께, 방문 목적과 집 주소를 적은 메모를 남겨두었다. 다시 만날 수 있을지 모른다는 작은 기대와 함께.

그림 2 보베 대성당의 콰이어

유럽의 도시를 걷다 보면, 어느 순간 시야에 들어오는 거대한 대성당 앞에서 발걸음을 멈추게 된다. 익숙하지 않은 거리, 낯선 언어, 새로운 문화 속에서도 단번에 시선을 사로잡는 거대한 건물들은 주로 고딕 양식으로 지어졌다. 그러나 대부분은 이러한 양식이 '고딕'이라 불린다는 사실조차 잘 알지 못한다. 더 정확히 말하면, '고딕'이라는 단어 자체가 낯설고 어딘가 음산하기에 기억하고 싶지 않기 때문일 수도 있다.

고딕이라는 양식을 처음 만난 건, 지금은 기억 저편에 남은 서양건축사 수업으로, 언젠가 시간의 경계를 넘어 실제로 마주할 건축물들의 목록을 하나씩 채워가는 설렘으로 가득한 과거로 떠나는 여행이었다. 특히 그리스와 로마의 고전주의 양식과 뛰어난 건축 기술은 유럽 문명의 정수를 보여주며, 건축에 대한 이론적 토대를 만들어 준 소중한 시간이었다.

그러나 중세라는 긴 어둠 속에서 등장한 고딕 건축은 한때 북유럽의 야만인이 만들어낸 기괴하고 비이성적인 양식으로 오해받은 편견이 다음의 문장들로 인하여 나에게도 그대로 이어졌다.

"고딕 양식을 탄생시킨 생 드니 수도원에 새로 시공된 천장에는 궁륭穹
窿 밖으로 드러나는 첨두尖頭아치형의 늑재肋材가 붙어 있다."

건물 내부를 묘사하는 문장이었지만, 머릿속엔 어떤 장면도 그려지지
않았다. 이어지는 문장은 더 난해하였다.

"고딕 양식의 수직성을 실현해준 건축적인 요소는 '첨두尖頭아치', '공중
부벽空中扶壁', '늑골궁륭肋骨穹窿'으로 압축된다."

도판을 찾아가며 그림과 용어를 애써 대조하던 고딕 건축은 이해보다
는 거리감으로 다가왔고 낯선 용어들로 인해 중세의 어둠처럼 아득히 멀
어져갔다.

이후 중세 건축은 나에게 '암흑의 시대'로 남았고, 무의식적으로 회피
의 대상이 되었다. 그렇게 멀어진 고딕이 다시 다가온 것은 박사과정 중
'하이 고딕 건축과 구조적 특성'이라는 수업을 들으면서이다. 첫 강의에
서 슬라이드 화면 속 건물은 내가 알던 고딕이 아니었다. 유럽 북부의 음
울하고 울창한 숲을 연상케 하던 기괴하고 야만적인 형태가 아닌, 거대한
스테인드글라스를 통해 쏟아지는 빛으로 가득한 공간, 순수한 석재로 천
상의 건축을 구현해 낸 듯한 모습이었다. 강의는 하이 고딕의 수직성과
구조적 합리성, 그리고 그 정점에서 붕괴의 아픔을 겪었던 보베 대성당으
로 진행되었고 그러면서 나는 고딕 건축의 매력에 점점 빠져들었다. 종교
건축물과는 최대한 거리를 두고 연구하고자 했음에도 불구하고, 결국 종

교 건축의 대표 양식인 고딕이 연구의 중심이 되었으니, 삶이란 예기치 못한 아이러니다.

보베를 떠나 프랑스 남부로 향하면서 선글라스를 잃은 아쉬움보다 정신없이 보낸 자신을 자책하다가, 지중해의 강렬한 눈부심에 새로 구입한 선글라스는 그 뒤로 한 달간의 자료 수집 여행 동안 내 곁을 지켰고, 이후에도 야외로 나설 때면 늘 함께했다. 그렇게 시간이 흐르며 대성당 문 앞에 남겨두었던 작은 메모에 대한 막연한 기대는 서서히 잊혀갔다. 3개월이 지난 어느 화창한 오후, 집 앞에 도착한 작은 소포 안에는 그날 감흥에 겨워 더 많은 것을 보고자 내려놓았던 바로 그 선글라스가 담겨 있었다. 오랜 시간 화물선의 짐칸 어딘가에서 지내왔을 선글라스와 재회한 반가움보다는, 이를 위해 수고를 아끼지 않으신 신부님을 향한 미안함과 송구스러움이 먼저 밀려왔다.

지금도 선글라스를 꺼내 들면, 보베 대성당의 스테인드글라스를 통해 내부를 가득 채우던 빛의 향연이 떠오른다. 내가 선글라스를 사랑하는 이유는 단지 빛을 차단하기 위해서가 아니라, 눈부심을 가려 자연의 아름다움을 온전히 감상하기 위함이다. 마찬가지로, '빛의 건축'이라 불리는 고딕 대성당의 거대한 수직 공간도, 투명한 유리가 아닌 스테인드글라스를 통해 빛의 아름다움을 종교적 감동으로 승화시키려 했을 것이다.

선글라스의 추억과 함께 고딕의 세계로 끌어낸 보베 대성당은 "프랑스 고딕의 파르테논Parthenon"이라고 불렸듯이 나에게는 고딕연구의 지침이 된 건물이다. 관광객들로 붐비는 파리의 노트르담 대성당과는 달리, 프랑스를 넘어 인류 최대의 성전을 꿈꾸며 세워졌던 보베 대성당은 두 차례의 붕괴를 겪은 채 미완의 불완전한 모습으로 아직도 외로이 서 있다. 이는 마치, 오해와 편견 속에 외면당했던 고딕 양식의 운명 같다. 그러나 때로는 결핍이 본질을 이해하도록 하듯이, 보베 대성당이 보여주는 고딕의 야망과 한계는 오히려 고딕이라는 양식에 좀 더 쉽게 다가갈 수 있도록 해준다.

이제, 한때 미개한 야만의 건축이라 불렸던 고딕이 어떤 시대적 배경속에서 태어났으며, 어떻게 양식을 구성하는 요소들이 유기적으로 결합해 고딕 대성당이라는 위대한 건축의 시대를 열었는지를 살피고자 한다. 그 여정에서 고딕 대성당 외부와 내부의 구성과 진화 과정을 살펴본 뒤, 미완의 보베 대성당을 향해 다시 한번 길을 나서고자 한다.

들어가며

차 례

제1장

고덕이란 무엇인가?

제1장

고딕이란 무엇인가?

르네상스Renaissance는 그리스 · 로마의 엄격한 비례와 질서를 되살리려는 이성적logos이고 정형화된 예술을 상징하고, '불규칙한 진주'라는 표현으로 그 아름다움을 묘사한 바로크Baroque는 감성적pathos이고 유려한 양식이 떠오르는 데 비해, '고딕Gothic'이라는 단어에서는 중세의 암흑시대와 야만인들이 세운 괴이한 형상이 먼저 연상된다.

이러한 편견은 '고딕'이라는 단어가 특정 예술 양식을 설명하기 위한 용어로 탄생한 것이 아니라, 북유럽의 울창한 숲을 닮은 형태와, 비례나 논리적 구성없이 거칠고 수직적으로 쌓아 올린 게르만의 건축이라는 인식에서 비롯된 것이다. 사실 고딕 양식을 창조한 중세 사람들은 자신들의 예술과 건축을 고딕이라고 부르지 않았으며, 르네상스 시대의 예술가들이 이전의 양식을 자신들의 양식과 구분하기 위하여 야만적이고 미개한 부족이 만든 민족양식으로 경멸하고 폄하하여 부르던 명칭이 중세 후반을 대표하는 양식으로 굳어진 것이다.

르네상스의 시선: 고딕 명칭의 기원

'고딕 양식'은 16세기 화가이자 건축가였던 조르조 바사리*Giorgio Vasari*(1511~74)가 그의 저서『가장 뛰어난 화가, 조각가, 건축가들의 생애*Le vite de' più eccellenti pittori, scultori, e architettori*』(1550)에서 서유럽의 예술과 건축을 야만적인 것으로 부르면서 처음 사용하였다고 한다. 그는 서문에서 고대의 아름다움이 고스족에 의해 무참히 파괴된 뒤, 합리와 비례를 상실한 건축들이 난립하였다고 개탄하며 이렇게 기술하고 있다.

> "… 훌륭한 건물은 파괴되거나 훼손되어 건축양식을 참고할 수 없어 양식과 비례, 우아함과 디자인 등이 합리적이지 못한 건물들이 건축되었다. 그 결과 현재 우리가 보는 것과 같은, 소위 고딕*tedesco*이라고 부르는 양식의 건물들을 지었다. 이러한 건축은 칭송받기보다는 조롱받아 마땅하다. 이 양식은 고대의 찬란한 정신이 다시 부활하기까지 오랫동안 건축의 자리를 차지해 왔다."

바사리는 또한, 그의 저서에서 르네상스의 출발점으로 평가되는 지오토*Giotto*의 삶을 다루며, 지오토가 창조한 새로운 회화 양식을 예술의 '재탄생*rinascita*'으로 표현하였다. 이 개념은 19세기 프랑스 역사가 쥘 미슐레*Jules Michelet*가『프랑스사*Histoire de France*』(1867)에서 중세 이후의 양식 변화를 설명하기 위해 '재탄생'을 프랑스어 '르네상스*Renaissance*'로 번역하면서 당시 양식을 구분하는 정식 용어로 자리 잡게 되었다.

결국 '고딕'과 '르네상스'라는 명칭은 바사리에 의해 양식의 경계가 설정되면서 형성된 개념이라 할 수 있다. 바사리의 저서가 널리 읽히며 번

그림 3 *Giorgio Vasari*의 자화상(우피치 미술관)과 『생애*Le vite*』의 표지

역되는 과정에서 중세 말기와 그 이후 시대의 예술 양식을 구분하는 일반 적인 분류어로 확산되었지만, 실제로 '고딕'이라는 용어 자체는 바사리 이 전에도 이미 언급된 바 있다.

　15세기 중반 고전적인 건축 이론을 바탕으로 '스포르친다*Sforzinda*'라 는 르네상스 최초의 이상도시 안을 계획한 필라레테*Filarete*(1400~69)는 당시 유행하는 이탈리아 북부 양식을 '야만적인 현대 양식'이라고 부르며 고대 의 문명화된 건축과 대조하여 멸시하였다. 또한 르네상스건축을 이끌어 낸 인물로 평가받는 블루넬레스키의 생애를 다룬 『필리포 블루넬레스키 의 삶*Vite di Filippo Brunelleschi*』을 저술하여 바사리 저서의 모델이 된 마네티 *Antonio Manetti di Marabottino*(1423~97)는 그리스와 로마건축의 영광은 로마 제 국의 몰락과 함께 사라졌으며, '야만적인 현재 건축'의 암흑 속에서 블루 넬레스키가 고대의 정신을 되살려 새로운 양식으로 연결해냈다고 주장하 였다.

이러한 영향을 바탕으로 바사리도 이전 시대의 양식을 '게르만 양식 maniera tedesco'이라는 경멸적인 표현을 사용하였다. 당시 이탈리아에서 '야만인'은 북방의 게르만 민족을 포괄하는 개념이었지만, 5~6세기 로마를 침공하고 문명을 파괴한 '고스족Goths'이 가장 먼저 연상되며, 고스족의 이름이 '고딕Gothic'이라는 양식의 어원이 되었다.

민족주의와 고딕의 재발견

르네상스의 위대한 작품들과 비교되어 오랫동안 저평가된 고딕 양식은, 18세기 신고전주의가 유행하기까지, 비례와 우아함이 결여된 '비이성적' 양식으로 치부되며 고전주의의 반대편에 놓여 있었다. 그러나 산업혁명 이후 윌리엄 모리스William Morris와 존 러스킨John Ruskin 같은 사상가들이 중세 장인정신의 가치를 재조명하면서 고딕 건축에 대한 인식에도 변화가 찾아왔다. 이들은 고딕 양식의 건축을 실제로 설계했고, 부유층은 '폴

그림 4 독일의 낭만주의 화가 *Caspar David Friedrich*의 〈The Abbey in the Oakwood〉(1808~1810, 베를린 구 국립미술관Alte Nationalgalerie)

리follies'라 불리는 고딕풍 폐허를 정원 한켠에 세우며 고딕에 감상적이고 긍정적인 의미를 부여하였다.

19세기에 들어서면서 고딕 양식은 민족주의적 색채를 띠기 시작한다. 괴테 이후의 독일 낭만주의자들은 중세로의 회귀를 꿈꾸며 고딕 건축을 '독일 건축Deutsche Architektur'이라 부르며 독일의 정체성을 투영했고, 프랑스에서는 『Burchard von Halle의 연대기, c. 1280』에 등장하는 독일 바트빔펜의 성 피터 교회The Collegiate Church of St. Peter in Bad Wimpfen(1269~1274)의 콰이어choir를 '프랑스 양식opere francigeno'이라는 표현을 근거로 '프랑스 건축architecture française'이라 불렀다.

그러나 시간이 흐르며 이러한 국가주의적 논쟁은 희미해졌고, '고딕Gothic'이라는 용어는 더 이상 고대 로마를 침략한 고스족의 야만적 양식을 뜻하지 않게 되었다. 대신, 고딕은 중세 후반 장인의 정신으로 화려하게 꽃을 피운 양식으로 자리를 잡았다.

고트와 고스족

고딕Gothic의 어원이 게르만계 부족인 고트족에서 비롯되었다고 하면, 고트와 고딕의 유사성에 잠시 혼란스러울 수 있다. 하지만 고트족이 'Goths'에서 번역된 것이라고 생각하면 이해가 쉬워진다. 'Goths' 역시 'Gutones'와 같은 다양한 어원에서 변화된 형태이지만, 고트로 번역된 외래어 대신 원음에 가까운 '고스'를 사용하면 고딕이 '고식' 또는 '가식'으로 발음되는 데 익숙해질 수 있다. 부족의 명칭이 하나의 예술 양식을 대표하게 된 고스족Goths에 대해 간단히 살펴보도록 하자.

미완의 완성, 보베 대성당_고딕이 꽃피운 대성당의 시대

Ostrogoths와 Visigoths

1세기경 스칸디나비아반도Scandinavia로부터 남하한 것으로 알려진 동게르만 민족의 일파인 고스족Goths은 로마제국의 경계인 다뉴브강Danube 북부에 정착한 뒤 로마와 교류한 것으로 기록에 남아 있다. 3세기경부터 고스족은 두 개의 부족으로 분화되었다. 동고트족Eastern Goths으로 알려진 오스트로고스Ostrogoths는 흑해Black Sea 북부 지역에 자리 잡았고, 서고트족Western Goths으로 번역되는 비지고스Visigoths는 현재 우크라이나 서쪽 드네스트르강Dniester River 인근에 정착하였다.

4세기 후반 훈족Huns의 침입으로 게르만족의 대규모 이동이 시작되었고, 오스트로고스는 훈족에 복속되었다가 493년 데오도릭대제Theodoric the Great가 서로마 제국을 멸망시킨 훈족의 오도아케르Odoacer를 제거하고 이탈리아왕국Kingdom of Italy을 계승하여 발전하다가 6세기 중반 동로마제국의 유스타니우스황제Justanius에 의해 멸망하였다.

한편, 비지고스는 훈족의 압박을 피해 로마로 이주했고, 378년 아드리아노폴리스 전투Battle of Adrianople(378)에서 로마를 상대로 승리를 거둔 뒤 동맹 부족으로 인정받아 공존하였다. 이후 410년, 알라릭 1세Alaric I가 로마를 점령하면서 '로마의 약탈Sack of Rome'이라는 역사적 사건을 일으켰으며, 475년에는 로마로부터 독립해 남부 프랑스와 현재의 스페인을 중심으로 독자적인 왕국을 세운 뒤 이베리아반도의 톨레도Toledo를 수도로 삼았으나, 711년 이슬람 우마야드왕조Umayyard Caliphate에 의해 점령당한 뒤 역사의 뒤안길로 사라졌다(그림 5).

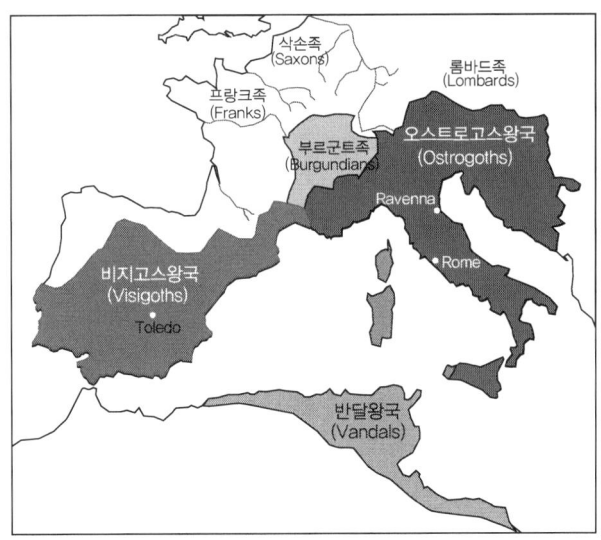

그림 5 오스트로고스, 비지고스 그리고 반달족의 영역(6세기 초)

로마의 약탈: 사코 디 로마Sacco di Roma

기원전 390년경 에트루스칸Etruscan에게 점령된 이후 800년 넘게 외세의 침입을 받지 않았던 로마는 로마제국의 중심지이자 정신적인 수도였으나, 410년, 비지고스Visigoths에 의해 점령당하면서 그 상징성이 크게 흔들렸다. 당시 서로마제국의 수도는 이미 라벤나Ravenna로 이전하였고 3일간의 약탈과 파괴는 비교적 경미하였지만, 제국의 심장과 같던 로마의 함락은 단순히 도시의 점령을 넘어 엄청난 충격과 함께 제국의 몰락을 재촉하는 계기가 되었을 것이다. 455년에는 이베리아반도를 거쳐 북아프리카를 근거지로 삼은 게르만족의 일파인 반달족Vandals에게 점령당해 2주간 철저히 약탈당했다. 이 사건은 훗날 문명 파괴를 의미하는 '반달리즘

Vandalism'이라는 용어의 기원이 되었으며, 이러한 두 차례의 점령으로 서로마제국의 멸망(476년)이 가속화되었다.

546년에는 또 다른 고스족인 오스트로고스족Ostrogoths에 의해, 846년에는 북아프리카 카이루안Kairouan을 근거지로 한 이슬람왕국(Aglabid 왕조), 그리고 1084년에는 남부 이탈리아를 기반으로 한 노르만 공국Duchy of Apulia and Calabria에 의해 로마는 반복적으로 점령당했다. 이후 1527년, 신성로마제국 황제 샤를 5세Holy Roman Empire, Charles V의 게르만 용병들에 의해 로마는 사상 최악의 약탈과 파괴를 겪었다.

이때 로마 시대의 건축물뿐만 아니라 르네상스 시기의 예술작품들도 무참히 파괴되었고, 산탄젤로성Castel Sant'Angelo으로 피신한 교황 클레멘스 7세Clement VII는 스위스 근위대의 보호 아래 가까스로 목숨을 부지할 수

그림 6 로마의 약탈(410년). Joseph-Noël Sylvestre, 〈The Plunder of Rome〉 중 일부(폴 발레리 박물관)

있었다. 제국의 영예는 사라져 버린 지가 오래고, 그나마 교황이 거주하는 상징의 도시로 예전의 명성을 근근이 이어가던 로마는 만 명이 채 되지 않은 도시로 전락할 정도로 폐허가 되었다. 사실 로마는 '점령occupation, conquest'이라는 단어보다는 '약탈sack'이라는 표현을 더 자주 사용하여 '사코 디 로마Sacco di Roma'라고 부르는데, 1527년의 사건이 최악이어서 이 사건만을 따로 지칭할 정도로 철저하게 파괴되었다.

바사리의 기억과 고딕의 오해

이탈리아 전역을 공포에 떨게 한 로마의 약탈과 파괴를 피렌체에서 경험한 10대 후반의 바사리Vasari는 르네상스 예술의 정점인 건물과 작품들이 게르만 용병들에 의해 파괴되고 약탈당하는 것을 천 년 전 고스족에 의한 행위와 동일시하면서 르네상스 예술가들의 작품이 얼마나 우수했는지를 기록하였을 것이다.

그러나 파괴자라는 이미지의 고스족과 반달족은 그리스도교를 수용하고 자신들의 전통과 로마 문화를 융합하고자 했던 민족으로 고대와 중세를 연결하는 중요한 가교 역할을 하였다고 역사가들은 보고 있다. 사실 고딕 양식은 당시 북유럽에서 유행하던 현대적 양식으로, 고스족의 양식과는 무관함에도 불구하고, 이탈리아인들에게 고스족이 야만의 상징처럼 인식되었기에 북구 게르만 민족의 양식이 '고딕Gothic'으로 굳어진 것이다.

제 2 장

고딕의 태동, 대성당의 시대

제 2 장

고딕의 태동, 대성당의 시대

유럽의 도시를 여행하다 보면, 도시를 상징하는 기념비적인 대성당에 들어서게 된다. 천 년에 가까운 세월을 견뎌온 거대한 공간 사이로 쏟아져 들어오는 빛의 향연은 종교와 무관하게 누구에게나 깊은 감탄을 불러일으키며, 색다른 종교적 감흥을 경험하게 한다. 그러나 건물을 나설 때면 대다수 사람들이 대성당의 정확한 명칭을 알지 못하거나, 단순히 특정 지역의 건물로 기억한 채 다음 목적지로 발걸음을 옮긴다.

이렇게 마주치는 기념비적인 건물 대부분은 고딕 양식의 대성당이다. 이는 규모가 커서가 아니라, 주교가 관할하는 교구의 중심 교회이기 때문에 '대성당cathedral'으로 번역된 것이다. 대성당의 시대에 탄생한 고딕 건축을 보다 쉽게 이해하기 위하여, 기본적인 교회 관련 용어와 로마 가톨릭의 구조에 대해 살펴보도록 하자.

대성당이란 무엇인가?

우리는 종교에 따라 예배 시설의 명칭을 달리 사용한다. 불교는 절이나 사찰, 가톨릭은 성당, 개신교는 교회, 이슬람과 힌두교는 사원이라 부른다. 영어권에서는 이집트, 그리스·로마 시대의 신전을 포함한 다양한 종교 시설을 통틀어 템플temple이라 지칭하며, 이슬람은 모스크mosque, 유대교는 시너고그synagogue, 그리스도교는 교회church라고 부른다. 교회는 '신의 거처' 또는 '그리스도교인들의 예배를 위한 집회 장소'라는 어원을 가지고 있으며, 가톨릭과 개신교 모두 사용한다. 프랑스에서는 에글리즈église, 독일은 키르허Kirche, 스페인은 이글레시아iglesia, 이탈리아는 키에자chiesa라고 부른다.

교구와 대성당

그리스도교가 로마제국의 국교가 된 이후, 제국의 행정체계를 본떠 지역별로 '교구diocese'를 조직하였고, 교구를 '주교bishop'가 관장하였다. 교구의 중심이 되는 교회를 '대성당cathedral'이라 하며, 그 하위 단위의 교회는 '사목구 교회parish church'라 한다. 또한 여러 교구를 포괄하거나 대도시에 위치한 교구는 '대교구archdiocese'로 지정되어 '대주교archbishop'가 관장하며, 파리의 노트르담 대성당은 1622년 파리 대교구로 승격되었다.

'Cathedral'은 일반적으로 교구 내에서 가장 큰 교회인 경우가 많아 '대성당'으로 번역되지만, 원래 의미는 라틴어 'cathedra의자'에서 유래한 '주교좌bishop's seat 교회'이다. 실제 대성당을 방문하면 제단 근처에 주교의 권위를 상징하는 '주교의 좌석cathedra'을 볼 수 있다(그림 7). 교황pope 역시 정식 명칭은 '로마 교구의 주교bishop of Rome'이며, 로마 가톨릭 전체를 대표

그림 7 라테란 대 바실리카에 있는 교황의 자리*Papal Cathedra*

하기에 다른 주교들과 달리 흰색 복장을 착용한다. 반면, 추기경은 붉은 색, 주교는 자주색, 신부는 검은색 옷을 입으며, 계층에 따라 복장의 색이 구분된다.

국가별로도 대성당을 지칭하는 표현은 다양하다. 프랑스는 카테드할 *Cathédrale*, 스페인은 카테드랄*Catedral*, 이탈리아는 카테드랄레*Cattedrale* 혹 은 두오모*Duomo*, 독일은 카테드랄레*Kathedrale*와 돔*Dom*을 함께 사용하나, 쾰른 대성당*Kölner Dom*처럼 '돔'을 선호한다.

메이저 바실리카와 마이너 바실리카

바티칸 교황청에 있는 거대한 교회를 흔히 '성 베드로 대성당'이라 부르는데, 규모를 의미하는 것에서는 맞을 수 있지만 '주교좌 성당'이라는

미완의 완성, 보베 대성당_고딕이 꽃피운 대성당의 시대

의미의 cathedral이 아닌, '바실리카basilica'라는 별도의 지위를 가진 교회이다. 공식 명칭은 '산 피에트로 바실리카Basilica di San Pietro'이며, 바실리카는 교황으로부터 역사적·건축적·신학적 중요성을 인정받아 특별한 지위를 부여받은 교회로 상당히 중요한 지위를 가지고 있지만, 항상 주교의 자리가 있는 것은 아니다.

바실리카는 크게 '메이저 바실리카major basilica/archbasilica'와 '마이너 바실리카minor basilica'로 나뉜다. 메이저 바실리카는 단 네 곳으로 모두 로마에 있으며, 마이너 바실리카는 전 세계에 지정되어 있다. 로마 가톨릭의 중심이자 교황의 주교좌가 있는 '라테란의 성 요한 바실리카The Archbasilica of Saint John Lateran'는 메이저 바실리카이면서 동시에 대성당의 지위를 가지고 있다(그림 7).

파리의 노트르담 대성당은 1805년 교황으로부터 마이너 바실리카 지위를 부여받았고, 가우디Antoni Gaudí(1852~1926)가 설계한 '사그라다 파밀리아Basílica de la Sagrada Família'는 2010년 교황 베네딕트 16세Benedict XVI에 의해 마이너 바실리카로 승격되었다. 그러나 바르셀로나의 주교좌는 바르셀로나 대성당Barcelona Cathedral에 있으므로 사그라다 파밀리아는 대성당이 아닌 반면, 파리의 노트르담은 대성당이자 바실리카이다.

중세 도시의 성장과 함께 주교의 권력이 강화되면서, 자신이 관장하는 교구의 위상을 상징적으로 드러내고자 하는 건축적 열망도 커졌다. 이러한 흐름은 프랑스를 중심으로 '고딕Gothic'이라는 대성당의 시대를 열었고, 많은 대성당이 고딕 양식으로 재건되었다. 파리의 노트르담 대성당을 비롯해 '노트르담Notre-Dame'이라는 이름을 지닌 대성당들이 여러 지역에 세워졌으며, 성유물과 성인을 숭배하고 봉헌하기 위한 다양한 명칭의 대성당들이 중세 유럽 전역으로 확산되었다.

우리의 부인, 노트르담Notre-Dame

프랑스 파리를 떠올리면 도시 어디에서나 보이는 에펠탑이 먼저 생각난다. 그러나 진정한 낭만과 예술의 도시 파리의 아름다움은 센강이 양 갈래로 갈라지는 '도시의 섬Île de la Cité' 중심에 천 년 동안 시민과 함께해온 노트르담 대성당일 것이다(그림 8).

빅토르 위고Victor Hugo의 소설 『파리의 노트르담Notre-Dame de Paris』과 이를 바탕으로 한 디즈니 애니메이션 〈노트르담의 곱추The Hunchback of Notre Dame〉, 그리고 1998년 초연된 뮤지컬 〈노트르담 드 파리Notre-Dame de Paris〉를 통해 노트르담 대성당은 대중에게 더욱 친숙해졌다. 하지만 '노트르담Notre-Dame'이라는 이름의 교회는 파리에만 있는 것이 아니라, 프랑스의 작은 마을에서도 흔히 볼 수 있다. 노트르담은 프랑스어로 '우리의Notre

그림 8 노트르담 대성당

미완의 완성, 보베 대성당_고딕이 꽃피운 대성당의 시대

부인*Dame*', 즉 성모 마리아를 의미하며, '노트르담 대성당'은 성모 마리아에게 봉헌된 교회를 뜻한다.

샤르트르 대성당*Chartres Cathedral*, 아미앵 대성당*Amiens Cathedral*, 랭스 대성당*Reims Cathedral*들도 성모에게 봉헌된 노트르담 대성당이며, 샤르트르 대성당의 정식 명칭은 '샤르트르에 위치한 노트르담 대성당*Cathédrale Notre-Dame de Chartres*'이다. 따라서 노트르담 대성당의 정식 명칭도 '파리에 있는 노트르담 대성당*Cathédrale Notre-Dame de Paris*'이지만, 압도적인 유명세 때문에 마치 모든 노트르담 대성당을 대표하는 명칭처럼 쓰이고 있다.

프랑스 대성당의 수호성인

프랑스에는 대성당의 지위를 잃거나 폐허화된 건물을 포함하여 184개의 대성당이 있다. 그중 약 40%인 73개의 건물이 성모 마리아와 관련된 대성당이다. 좀 더 세분화하면 '성모 마리아*Notre-Dame* 또는 *Sainte-Marie*' 대성당이 전체의 25%를 차지하는 46개의 건물이며, '성모승천*Notre-Dame de l'Assomption*' 대성당이 6%인 11개의 건물이 있다.

그리스도교회에서 최초의 순교자로 불리는 생테티엔*Saint-Étienne* 성인을 봉헌한 건물이 약 7%인 13개의 건물이 있으며, 성 베드로*Saint-Pierre*와 성 바울*Saint Paul*, 세례 요한*Saint-Jean-Baptiste*과 같은 사도를 제외하고는 대부분은 각 지역의 수호성인들을 개별적으로 봉헌한 대성당이다. 유럽을 방문하면 성모 마리아에게 봉헌된 교회들이 많이 있지만, 자료에서 보듯이 프랑스에는 많은 교회 건물들이 성모 마리아에게 봉헌되어 있다.

성모 마리아의 시대

중세 프랑스에서는 성모 마리아에 대한 숭배가 확산하면서, 그녀에게 봉헌된 교회의 수가 급격히 증가하였다. 이는 엄격한 심판자보다 자비롭고 중재자 역할을 하는 어머니의 상징으로 성모가 받아들여졌기 때문이다. 이러한 성모 신앙 열풍은 여러 요인에서 비롯되었지만 『요한 계시록 Book of Revelation』에 예언된 최후의 심판날인 첫 번째 밀레니엄millennium이 다가오면서, 무서운 심판자의 공포로부터 자비로운 존재의 보호를 바라는 심리가 강하게 작용한 것으로 보인다. 더불어, 천년의 공포가 무사히 지나간 데 대한 감사와 함께, 십자군전쟁 또한 성모 숭배의 확산에 중요한 동력이 되었던 것으로 여겨진다.

십자군전쟁에서 병사들은 성모 마리아를 수호의 상징으로 그녀의 보호 아래 싸운다고 믿었다. 전쟁에서 돌아온 기사와 왕들 또한 성모의 신성함을 더욱 강조했고, 그녀에게 헌정된 교회를 짓는 열풍은 12세기부터 널리 퍼졌다. 특히 2차 십자군을 주도하고 시토 수도회의 확장을 이끈 '클레르보의 베르나르Bernard de Clairvaux'와 같은 영향력 있는 성직자들이 성모 마리아를 '신과 인간 사이의 중재자'로 중요한 역할을 한다는 믿음을 퍼뜨리는 데 크게 이바지한 것으로 보인다.

이처럼 성모 마리아에 대한 봉헌은 종교적, 정치적, 사회적 요소가 결합된 결과로, 단순한 신앙의 대상이 아닌 자비와 보호를 상징하는 존재로서 교회 건축 확산의 중요한 동력이 되었다. 그러나 이러한 열풍에도 불구하고, 모든 대성당이 성모에게 바쳐진 것은 아니며, 실제로 과반수의 대성당은 사도들이나 지역 성인들에게 봉헌되었다.

그림 9 러시아를 수호하는 '블라드미르의 성모'. (좌) 〈Theotokos of Vladimir〉(c.1100, 트레티야코프 미술관), (우) Raphael, 〈The Madonna of the Meadow〉(c.1506, 빈 미술사 박물관)

교회의 설립과 수호성인patron saint

초기 교회는 주로 성인이나 시성된 설립자의 이름을 따서 봉헌하고 건축하였다. 이후 성인의 유골이나 성물을 봉헌하여 교회의 수호성인patron saint으로 삼으며 교회의 정식 명칭이 되었다. 수호성인을 선정하여 봉헌하는 방식은 성인의 유물 중심의 봉헌, 성 베드로와 성 바울을 동시에 봉헌하는 이중 봉헌, 유해를 입수한 뒤 새로운 수호성인을 추가하는 방식 등 다양하였다. 이처럼 수호성인은 단순한 신앙의 대상에 그치지 않고, 지역사회의 정체성과 깊이 연결되어 있으며, 심지어 생 드니*Saint Denis*와 생테티엔*Saint-Étienne* 같은 도시의 명칭에 반영되기도 한다.

앙제Angers의 수호성인 생 모리스Saint Maurice

프랑스 서부의 아름다운 중세 도시 앙제를 방문하면, 로마네스크와 고딕은 물론 르네상스와 바로크 양식까지 두루 감상할 수 있는 앙제 대성당Angers Cathedral을 만나게 된다. 처음에는 성모 마리아에게 봉헌되었으나, 396년 투르Tours의 대주교이자 프랑스 제3공화국의 수호성인으로 추앙받은 생 마르탱Saint Martin이 3세기에 순교한 생 모리스의 유물을 가져와서 봉헌하였다고 전해진다. 873년에는 앙제의 주교였던 모릴리우스Maurilius(c.336~453)의 유골을 안치하고 생 모리스와 함께 이중 봉헌하였으나, 다시 생 모리스 단독의 수호성인이 되었다. 현재 교회의 공식 명칭은 〈앙제의 생 모리스 대성당Cathédrale Saint-Maurice d'Angers〉이다(그림 10).

그림 10 중세 도시 앙제와 생 모리스 대성당

미완의 완성, 보베 대성당_고딕이 꽃피운 대성당의 시대

그림 11 테베로마군단 지휘관 생 모리스. (좌) *Matthias Grünewald*, 〈St Maurice〉(c.16c, 독일 *Alte Pinakothek*), (우) El Greco, 〈The Martyrdom of St Maurice〉(1580~82, Royal Site of *San Lorenzo de El Escorial*)

성모 마리아를 대신하여 앙제 대성당의 수호성인이 된 생 모리스는 고대 이집트 신왕국시대의 수도인 테베*Thebes* 출신으로, 테베 로마군단*Theban Legion*의 지휘관이었다. 287년경 황제 막시미아누스*Maximianus*(285~305)의 명령으로 반란을 진압하기 위해 스위스 아고눔*Agaunum*으로 군을 이끌고 갔으나, 현지 그리스도인을 처형하라는 명령을 거부하여 처형당하였다. 그가 순교한 아고눔에는 생 모리스 수도원이 세워졌고, 도시는 그의 이름을 따서 '생 모리스*Saint Maurice*'로 변경되었다(그림 12).

가상의 순교자

생 모리스는 특히 십자군 원정 시기, 신성로마제국*Holy Roman Empire* 군대의 수호성인으로서 중요한 위상을 지녔으며, 프랑스 전역에서 그를 수호성인으로 모셨다. 그러나 역사학자들은 생 모리스의 실존 여부에 회의적이며 당시 정치·종교적 상황 속에서 창조된 가상의 순교자일 가능성이 높다고 본다. 이러한 의심의 근거는, 생 모리스가 순교한 시점 이후 100년 동안 어떤 기록도 존재하지 않으며, 단지 4세기 말 테오도르 Theodore of *Octodurum* 주교가 자신의 교구에서 생 모리스에 관한 전설과 무덤을 발견하였다는 보고서만이 유일한 출처이기 때문이다.

테오도르 주교가 생 모리스라는 순교자를 만들어낸 것에는 두 가지 측면에서 그 의도를 살펴볼 수 있다. 새로 건축하는 교회에 봉헌할 수호성인으로 순교자가 필요하였으며, 정치적 긴장이 고조된 상황에서 황제의 명령에 맞서 순교한 인물을 통해 교회의 결속을 도모하고자 했다는 점이다. 당시 서로마 제국의 황제 유제니우스*Eugenius*(재위 393~394)는 그리스도교인이었으나 로마 신전을 재건하고, 자신에게 충성하는 이교도를 중용하여 이교도의 부활을 추진하고 있었다. 이러한 상황에서 황제의 명령을 거부하고 "그리스도인은 그리스도인에게 무기를 들어서는 안 된다"는 신

그림 12 스위스 론*Rhône*계곡 상류에 위치한 도시 생 모리스*Saint Maurice*

미완의 완성, 보베 대성당_고딕이 꽃피운 대성당의 시대

념을 가진 상징적인 순교자를 위하여 탄생한 가상의 인물일 가능성이 크다. 이처럼 교단의 결속을 위한 상징적 장치로서 생 모리스는 기능했고, 생 마르탱 대주교가 앙제로부터 1,000km 이상 떨어진 유골을 친견하고, 100년이 지난 생 모리스의 피가 담긴 유리병을 앙제로 가져와 '앙제의 노트르담 대성당'에서 '앙제의 생 모리스 대성당'으로 수호성인과 명칭이 변경된 이유일 것이다.

중세 교회, 진실과 전설 사이

초기교회에서 순교자와 성유물을 발굴하려는 열풍은 교회를 축성할 때 성인의 유골이나 유물로 성소를 만들어 수호성인으로 봉헌하고 건축하였으며, 특히 순교자를 선호하였다. 그러나 교회 수가 급격히 증가하면서 수호성인으로 삼을 수 있는 순교자나 성물이 절대적으로 부족해졌고, 이로 인해 전설의 순교자를 새롭게 발견하거나 창조하는 사례가 이어졌다.

이러한 분위기를 대표하는 인물이 바로 밀라노의 주교이자 서방교회의 4대 교부 중 한 명인 '성 암브로스Ambrose of Milan'이다. 대규모로 건축될 밀라노 교회에 봉헌할 순교자의 유물에 대한 시민들의 열망에 고심하던 386년 여름날, 미사 도중 계시를 받아 그가 지시한 곳을 파자 순교자 두 명의 유해가 발견되었다고 한다. 이전에 알려지지 않고 공적 기록이 없는 '게르바시우스Gervasius와 프로타시우스Protasius'라는 쌍둥이의 유골이 놀랍게도 암브로스의 환영으로 발견하게 된 것이다. 이러한 사실은 암브로스의 서신에 다음과 같이 기록되어 있다.

"나는 적합한 징조를 발견했고, 안수를 받을 몇몇 사람들을 데려오자 성스러운 순교자들의 힘이 너무나도 분명하게 나타나서, 침묵하고 있는 동안, 한 사람이 성스러운 묘소에서 몸을 가누지 못하고 엎드렸습니다. 우리는 고대 사람들과 같이 놀라운 자태를 가진 두 사람을 발견했으며, 모든 뼈는 완벽한 상태였고 많은 양의 피가 있었습니다."

　무덤에는 이들이 발레리아Valeria와 비탈리스Vitalis 성인의 쌍둥이 아들이며 로마 신에게 희생을 바치라는 명령을 거부하다 한 명은 몽둥이에 맞아 죽고 다른 한 명은 참수되었다는 쪽지가 함께 있었다. 이들은 성인들의 삶과 기적을 기록한 '황금 전설Golden Legend'에도 등장하지만, 200년 전에 사망한 사람의 피와 같은 비과학적인 요소는 이들의 실존 여부에 의문을 제기하며, 동시대에 발견된 생 모리스의 이야기와 구조적으로 매우 유사한 점 또한 주목할 만하다.

　당시에는 이처럼 순교자의 발굴과 조작이 비판 없이 받아들이는 분위

그림 13 〈게르바시우스Gervasius와 프로타시우스Protasius의 순교〉(1350)

미완의 완성, 보베 대성당_고딕이 꽃피운 대성당의 시대

기였으며, 생 마르탱 대주교의 전기 작가 세베루스*Sulpicius Severus*는 생 마르탱이 이런 잘못된 경향을 막기 전까지는, 심지어 강도의 시신조차 순교자로 숭배되는 일이 벌어졌다고 기록하고 있다.

민중신앙과 기느포르 성인

하나님 외에 다른 어떠한 신도 신앙의 대상으로 삼는 것을 금지하는 '아브라함 일신교 사상'에 기반을 둔 그리스도교가, 하나님이 아닌 성모 마리아와 성인들을 숭배하게 된 것은, 고대 다신교 전통과 북구 게르만의 이교 신앙과 융합되면서 비롯된 현상으로 보인다. 성인과 성물은 형상이 없는 하나님의 존재를 대신할 수 있는 매개체이자 중재자로 인식하였고, 이들을 통해 기적이나 영적 능력을 기원하는 신앙의 실천 방식이 뿌리 깊게 자리 잡았다. 특히, 하나님의 절대적 존재보다는 친근한 성인을 수호자로 삼아 개인적인 어려움을 해결해 주기를 바라는 신앙 방식은, 종교의 원초적 형태를 반영한 것으로 볼 수 있다. 그 대표적인 사례가 바로 개를 성인으로 추앙한 '생 기느포르*Saint Guinefort*'의 전설이다.

생 기느포르에 대한 전설은 여러 버전으로 전해지며, 영국 등지에도 유사한 이야기가 존재할 만큼 보편적인 내용으로 다음과 같이 전해진다. "프랑스 리옹*Lyon* 근처 빌라르 레 동브*Villars-les-Dombes*라는 작은 마을의 영주가, 하루는 아이를 요람에 재우고 자리를 비운 뒤 돌아와 보니 집안이 난장판이 되어 있고, 요람에는 핏자국이 선명했으며, 꼬리 치고 반기는 개의 입과 얼굴은 피투성이였다. 격분한 영주는 개가 아이를 해쳤다고 생각하고 분노에 찬 칼을 뽑아 단칼에 죽였지만, 요람 속에는 아이가

그림 14 생 기느포르 전설의 장면. *Jeanne–Elisabeth Chaudet*, 〈The Sleeping Child in the Care of a Brave Dog〉(1801)

평온하게 자고 있었고, 바닥에서는 개가 물어 죽인 뱀이 발견되었다. 자신의 경솔함을 후회한 영주는 개를 우물에 묻고 돌무덤을 세운 뒤 주변에 나무를 심었다. 이후 이 소식을 들은 지역 주민들은 개의 충성심과 결백한 죽음에 감동하여 그 장소를 방문하고, 생 기느포르를 순교자로 기리며 자녀의 병 치유를 위해 기도하였다. 심지어 그를 위한 축일을 8월 22일로 정하였다고 한다." 물론 생 기느포르는 공식적으로 시성되지 않은 민중성인folk saint이지만, 생물이든 무생물이든 초자연적인 현상으로 인하여 치유라는 기적이 행하여진다면 자식을 위하여 절실하게 기원하지 않을 수 없을 것이다.

미완의 완성, 보베 대성당_고딕이 꽃피운 대성당의 시대

성인숭배와 동서교회의 분열

극단적인 사례이지만, 개조차도 비공식적으로 성인으로 추앙된 현상은 일신교 사상과 명백히 충돌한다. 이러한 우상숭배적 행위는 7세기 초이슬람교의 탄생에 영향을 미쳤으며, 16세기에는 종교개혁의 원인 중 하나로 작용하기도 하였다.

종교개혁의 사상적 기반이 된 스페인의 '엘비라 공의회Synod of Elvira' (305~306)에서는, 그리스도교 공동체의 질서와 행위를 규율하는 81개 조항을 제정했으며, 이 중 제36조는 "숭배와 경배의 대상이 되지 않도록 교회에 그림을 두어서는 안 된다"라고 명시하고 있다. 그럼에도 불구하고, 380년 '테살로니카 칙령Edict of Thessalonica'으로 그리스도교가 로마제국의 국교로 공인되면서, 기존의 그리스·로마 신들의 조각상이 철저히 파괴된 반면, 제국으로 유입된 이민족을 교화하기 위한 방편으로 성상과 성인숭배가 널리 퍼졌다.

이러한 성상숭배 열풍으로 인해 비잔틴제국 황제 레오 3세Leo III the Isaurian(재위 717~741)는 성상 금지령을 반포하여 성상 파괴를 지시하고, 심지어 성인의 유해조차 제거하고자 하였다. 이에 대해 로마교황 그레고리 2세Gregory II(재위 715~731)는 강하게 반발하였고, 이 갈등은 나중에 동방정교회Eastern Orthodox Church와 로마 가톨릭교회Roman Catholic Church가 분열되는 동서교회분열Great Schism(1054)의 중요한 계기로 작용하였다.

당시 교황이 '성상 파괴Iconoclasm'를 반대하면서 황제에게 보낸 두 차례의 서신 중 첫 번째 편지를 보면 성상과 성인숭배의 의도를 이해할 수 있으며, 개신교와 분리된 이후에도 로마 가톨릭이 성상과 성인숭배의 전통을 유지하는 이유를 보여준다.

"… 하나님의 모습을 그리거나 설명하는 것은 불가능하지만, 우리는 하나님의 아들을 보았고 알고 있으므로 그를 묘사하고 설명해야 합니다. 황제께서는 우리가 돌이나 벽, 널빤지 따위를 숭배한다고 주장하지만, 실상은 그렇지 않습니다. 우리는 그것들을 신으로 여기지 않습니다.

그리스도의 형상 앞에서는 '오, 주 예수 그리스도시여, 우리를 도우시고 구원하소서!'라 말하고, 성모 마리아의 형상 앞에서는 '오, 거룩한 하나님의 어머니시여, 당신의 아들이자 우리의 참 하나님이신 그분께 우리를 위해 중재하소서'라 기도하며, 성 스테파노와 같은 순교자의 형상 앞에서는 '오, 거룩한 스테파노 성인이여, 그리스도를 위해 당신의 피를 흘리셨으니, 최초의 순교자로서 우리를 위해 중재하소서'라고 말합니다.

다른 모든 순교자에게도 우리는 같은 방식으로 기도합니다.

그들은 모두 그리스도를 증언한 자들이며, 우리는 이들을 통해 그리스도께 기도하는 것입니다. 그러므로 황제께서 주장하듯이 우리가 순교자들을 신으로 여기는 것이 아닙니다. …"

그림 15 종교개혁으로 인한 성상파괴(Iconoclasm in Zürich, Switzerland, 1524)

미완의 완성, 보베 대성당_고딕이 꽃피운 대성당의 시대

고딕은 어떻게 시작되었는가?

제 3 장

고딕은 어떻게 시작되었는가?

　건축과 예술에서 새로운 양식은 사회, 경제, 문화뿐만 아니라 지리적 조건과 기후와 같은 다양한 요소들이 상호 작용하는 가운데, 그 시대의 정신을 반영하며 보편적인 위상을 얻게 된다. 이러한 변화는 이전과는 다른 새로운 것을 추구하고자 하는 예술가들의 열정과 변화를 이끄는 특정한 동기에 의해 촉진된다. 예를 들어, 피렌체를 중심으로 발전한 르네상스 양식은 야만인의 양식으로 간주하던 고딕 양식이 이탈리아 전역에 유행처럼 퍼지는 데 대한 자존심의 상처에서 비롯되었으며, 예술과 문화를 적극적으로 후원한 메디치Medici 가문의 재력과 열정을 바탕으로 고대 문명의 유산을 발굴하고, 찬란했던 로마제국의 영광을 재현하고자 했던 노력 속에서 태동하게 되었다.

새로운 양식을 위한 전이기간

르네상스 양식이 탄생한 결정적 동기 중 하나는 고대 건축에 대한 유일한 문헌인 비트루비우스Vitruvius의 『De architectura』(c. 30~20 BCE)가 1416년 스위스 생갈 수도원The Abbey of Saint Gall 도서관에서 발견된 사건이다. 『건축에 관한 10권의 책Ten Books on Architecture』으로 간행된 이 책은 르네상스 건축가들에게 이론적 기반을 제공했을 뿐 아니라, 자신들의 건축 이론을 정립하고 체계화하는 계기가 되었다. 알베르티Leon Battista Alberti의 『건축의 예술에 관하여De re aedificatoria』(1452), 셀리오Sebastiano Serlio의 『건축에 관한 7권의 책I sette libri dell'architettura』(1537), 비그놀라Giacomo Barozzi da Vignola의 『건축의 다섯 가지 오더의 규범Regola delli cinque ordini d'architettura』(1562), 팔라디오Andrea Palladio의 『건축에 관한 4권의 책I quattro libri dell'architettura』(1570) 등은 이탈리아를 넘어 프랑스와 북유럽에까지 광범위한 영향을 미쳤다.

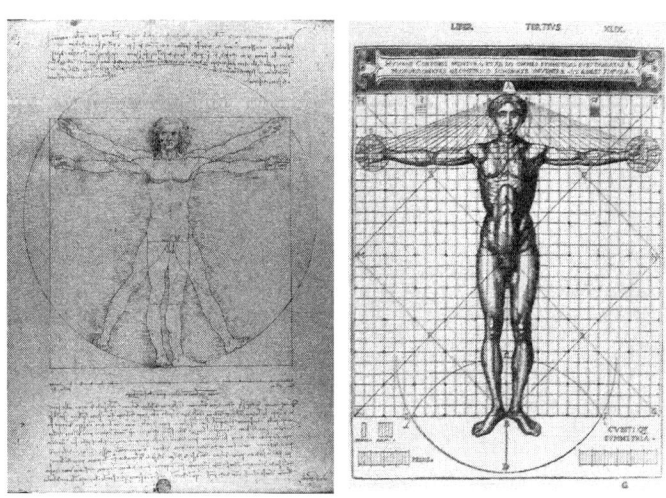

그림 16 Leonardo da Vinci, 〈Vitruvian Man〉(c.1490)(좌), 〈Cesare Cesariano〉(1521)(우)

이처럼 체계적인 이론과 실천을 바탕으로 르네상스 양식은 이전의 양식을 빠르게 대체했지만, 새로운 양식이 완전히 정착되기까지는 고딕 양식과의 공존이라는 과도기를 거쳐야 하였다. 예를 들면, 피렌체의 관광명소 중 하나로 알베르티에 의해 건물의 파사드가 완성된 '산타 마리아 노벨라Santa Maria Novella'를 보면 하단부의 고딕 양식을 완전히 제거하지 않고, 상단부의 르네상스 양식과 조화롭게 통합하여 전이 양식의 전형을 보여준다(그림 17). 이와 함께 인근의 로마네스크 양식 교회인 '산 미니아토 알 몬테San Miniato al Monte(그림 18)'를 참조한 듯한 상부는 고전적 비례와 기하학에 기반을 둔 르네상스 양식으로 완성되었다.

특히 이 건물에서 주목할 만한 점은 단순히 고전 양식을 복원하는 수준을 넘어, 르네상스라는 새로운 양식의 형태를 창의적으로 구현하였다는

그림 17 알베르티에 의해 완공된 산타 마리아 노벨라(1470)

미완의 완성, 보베 대성당_고딕이 꽃피운 대성당의 시대

그림 18 로마네스크 양식의 파사드, 산 미니아토 알 몬테(1018)

점이다. 건물 2층 측면의 S자 곡선 장식S-scroll은 산 미니아토 교회에서는 볼 수 없는 창의적인 형태로 중앙 네이브nave와 측면 아일aisle의 높이 차이를 자연스럽게 연결하였다. 이러한 새로운 형태는 르네상스 건축뿐만 아니라 바로크 양식에도 깊은 영향을 미쳤다.

이와 같이 르네상스 양식의 탄생은 과거의 양식과 완전한 단절을 통한 새로운 창조가 아니라, 다양한 요소들의 상호작용 속에서 점진적으로 형성되었다. 그렇다면 고딕이라는 새로운 양식은 어떤 동력에 의해 탄생하였으며, 언제부터 새로운 양식의 변화가 시작되었을까?

대다수의 역사학자들은 로마네스크 양식과 고딕의 명확한 구분은 12세기 중반부터 시작되었으며, 그 이전까지는 두 양식 간에 뚜렷한 차이가 존재하지 않았다고 한다. 고딕 양식이 완전히 정착되는 13세기 중후반까지는 로마네스크 건축가와 고딕 건축가가 각자의 고유한 기술을 고수하며 독립적으로 작업한 것이 아니라, 두 가지 양식이 병존하면서 새로운 디자인이 실험되고 적용되는 과정을 통해 점진적으로 양식의 발전이 이루어졌다고 볼 수 있다. 그렇다면 고딕이라는 새로운 양식이 등장하게 된 시대적 배경과 그것을 가능하게 한 요인은 무엇이었는지를 살펴보고자 한다.

중세의 어둠을 걷어내는 빛

로마제국이 몰락한 이후, 천년 가까이 이어진 중세는 흔히 '암흑의 시대'로 불리며 짙은 어둠의 그림자 속에 가려진 시기로 인식된다. 서로마제국의 붕괴 이후 유럽은 봉건제 중심의 폐쇄적인 사회로 접어들었지만, 동방에서는 여전히 비잔틴제국이 건재했으며 신흥종교인 이슬람은 체계적인 교육제도와 학문 진흥을 통해 무지와 정체가 아닌 새로운 변화의 물결을 일으키고 있었다. 특히 711년, 비지고스Visigoths를 몰아내고 스페인을 점령한 이슬람제국이 코르도바Cordoba를 수도로 삼고 정착한 이후, 929년 압드 알라흐만 3세Abd al-Rahman III가 우마야드 칼리프 왕조Umayyad Caliphate의 정통성과 계승을 주장하며 '코르도바 칼리프왕국'을 표방한 뒤 서유럽 최고의 경제도시로 성장하였다. 경제적인 부를 바탕으로 인근의 그리스도왕국과 지속적으로 교류하면서 유럽 도시의 발전에 영향을 미치고 있었다.

이러한 경제적 교류는 건축 분야에서도 예외는 아니었다. 알하캄 2세 al-Hakam II(재위 961~976)가 '코르도바 대모스크Great Mosque of Córdoba'의 미흐랍mihrab(기도의 방향을 상징)을 화려한 모자이크로 장식하고자 비잔틴제국의 황제에게 기술자를 요청한 사실은 이를 잘 보여준다(그림 19). 또한, 모스크

그림 19 코르도바 대모스크의 미흐랍 전면 마크수라*maqsura*돔과 모자이크 장식

전면에 세워졌던 높이 약 45m에 달하는 거대한 미나렛*minaret*(기도를 알리는 탑)은, 당시 높은 탑을 건설한 경험이 풍부했던 로마네스크 건축가들이 참여하였을 것이다.

이처럼 이슬람과 그리스도교 국가 간의 교류와 기술 전파는, 중세 사회가 더 이상 봉건적 폐쇄성에 머무르지 않고 도시화의 기반을 닦는 세기가 되었다. 이에 따라 건축 활동은 활기를 띠었고, 다양한 경험을 통해 기술적으로도 한층 발전하면서, 건축 양식과 규모에 대한 새로운 요구가 나타났다. 물론 이러한 변화에는 다양한 사회 · 문화적 요인이 작용했겠지만, 그 중심에는 새로운 수도원 체계의 등장과 세기말 종교적 불안 속에서 확산된 순례 열풍이 주요한 역할을 하였다고 볼 수 있다.

세상의 종말과 순례열풍

Y2K, 휴거攜擧, 밀레니엄Millennium … 1999년, 새로운 천년을 앞두고 세상의 종말에 대한 예언과 추측이 넘쳐났던 것처럼, 천년 전 그리스도인들에게 종말에 대한 공포는 상상을 초월하는 두려움이었을 것이다. 밀레니엄 공포가 실제로 어느 정도였는지는 명확하지 않지만, 950년경부터 교회 건축이 급격히 증가한 사실은 분명하다. 교회 수의 증가는 다양한 요인에 기인하겠지만, 다가오는 최후의 심판에 대한 두려움과 구원을 향한 열망, 그리고 신성한 공간에 대한 필요가 중요한 동력이 되었을 것이다.

이 시기에는 종교적 순례pilgrimage가 열풍에 가까울 정도로 널리 확산되었다. 이는 임박한 종말에 대비한 신앙적 실천이자, 예언된 종말이 오지 않은 것에 대한 감사의 표현이기도 하였다. 마치 무슬림들이 생전에

그림 20 사우디아라비아 메카의 성소 카바를 방문하는 이슬람 순례Haji

한 번은 메카Mecca의 카바Kaaba를 방문하는 하즈Hajj를 행하듯, 그리스도
교에서도 죄의 속죄, 병의 치유, 성인에 대한 공경을 목적으로 성유물을
찾아 떠나는 순례가 성행하였다. 궁극적인 순례지는 예수의 삶과 부활이
얽힌 예루살렘이었지만, 대부분의 순례자들은 보다 가까운 지역의 성인
유골이나 성유물이 보관된 성소를 찾아 나섰다.

프랑스로부터의 길Via Francigena

'프랑스로부터의 길'로 알려진 '비아 프랑시제나Via Francigena'는 중
세시대 가장 중요한 순례길 중 하나로, 영국 캔터베리 대성당Canterbury
Cathedral에서 출발해 프랑스와 스위스를 거쳐 로마로 향하는 여정이었다.
이 길은 도시보다는 수도원과 연결되어 있고, 순례자들은 로마에 있는 성
베드로Saint Peter와 성 바울Saint Paul의 무덤을 참배하고 교황청을 방문하는
것을 목표로 삼았다(그림 21).

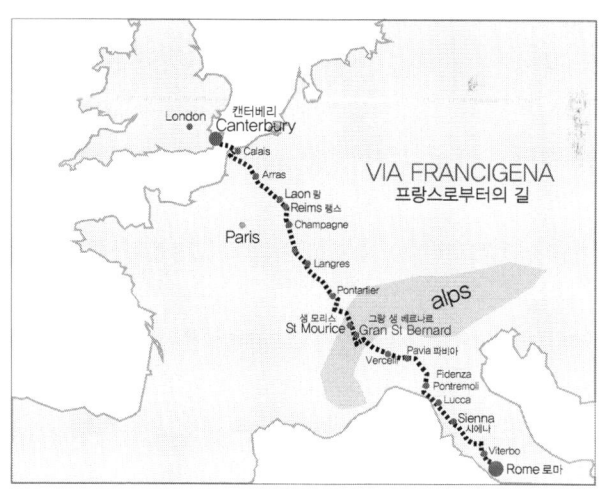

그림 21 캔터베리에서 로마로 향하는 프랑스로부터의 길, 비아 프랑시제나

그림 22 미소짓는 가브리엘(랭스 대성당)과 상부 탑에 장식된 황소 조각상(랑 대성당)

그림 23 세인트 버나드 고개를 넘는 나폴레옹. (좌) *Jacques-Louis David*(1801, *Château de Malmaison*), (우) *Paul Delaroche*(1850, Walker Art Gallery)

순례길을 따라가다 보면, 초기 고딕 건축의 대표작인 랑 대성당Laon Cathedral의 상부 탑에 장식된 16마리의 황소 조각상과, 프랑스 왕의 대관식 장소로 유명한 랭스 대성당Reims Cathedral의 중앙 입구 우측 기둥에 조각된 마리아를 향해 미소짓는 천사 가브리엘을 만나는 즐거움을 누릴 수 있다. 또한, 험준한 알프스를 넘는 여정에서는 구조견 '세인트 버나드Saint

미완의 완성, 보베 대성당_고딕이 꽃피운 대성당의 시대

그림 24 탑의 도시 산 지미냐노

Bernard'와 다비드*Jacques-Louis David*의 작품으로 유명한 '그랑 생 베르나르 고개*Col du Grand St-Bernard*'의 혹독함을 체감하게 된다.

이탈리아에 들어서면 한때 이탈리아 왕국의 수도였던 파비아*Pavia*, 탑의 도시 산 지미냐노*San Gimignano*, 그리고 시에나*Siena* 등의 도시가 순례자들을 맞이한다. 특히 시에나는 순례자들의 닳아서 해진 신발을 수선하고 제작하던 가죽 산업이 지금까지도 명성을 이어가고 있다.

로마 도착 이후에도 신심이 깊은 이들은 아풀리아*Apulia* 항구에서 배를 타고 예루살렘까지 갈 수 있는 매력적인 순례길이지만, 구조견에게 생사를 맡길 수도 있는 험난한 알프스는 신앙심이 높은 이들에게도 쉬운 결정은 아니었을 것이다. 이에 대한 대안으로 떠오른 순례지가 바로 '성 제임스의 길*El Camino de Santiago*'로 알려진 산티아고 데 콤포스텔라 대성당 *Catedral Basílica de Santiago de Compostela*을 방문하는 것이다.

산티아고 순례길 *El Camino de Santiago*

산티아고 데 콤포스텔라는 스페인 북서부 갈리시아*Galicia*주에 위치한 도시로, '산티아고*Santi-ago*'는 성 제임스*James the Great*의 스페인식 이름이며, '콤포스텔라*Campus Stellae*'는 '별들의 들판'으로 성 제임스의 전설과 관련이 있다. 산티아고 순례지가 유명해진 배경에는 여러 전승이 얽혀 있다. 전하는 바에 따르면, "844년 아스투리아스 왕국*Kingdom of Asturias*이 코르도바의 이슬람 왕국과 클라비호*Clavijo*에서 전투를 벌이기 전날, 왕은 꿈에서 성 제임스를 만나 승리를 예고 받고 실제로 승전하였다. 그 후 성 제임스를 기리는 교회를 세우고 모든 신자에게 순례를 명하였다"고 한다.

야고보로 번역되는 '성 제임스'는 예수의 제자이자 사도로, 헤롯왕에 의해 순교한 후 예루살렘에 안장되었으나, 9세기경 그의 유해가 스페인 북부에서 발견되었다고 전해진다. 전설에 따르면 "며칠 동안 숲속에서 밤하늘의 이상하고 신비로운 빛을 목격한 은둔자가 그 장소를 주교에게 알렸으며, 그곳에서 석관과 함께 세 구의 시신이 발견되었고, 그중 한 구가

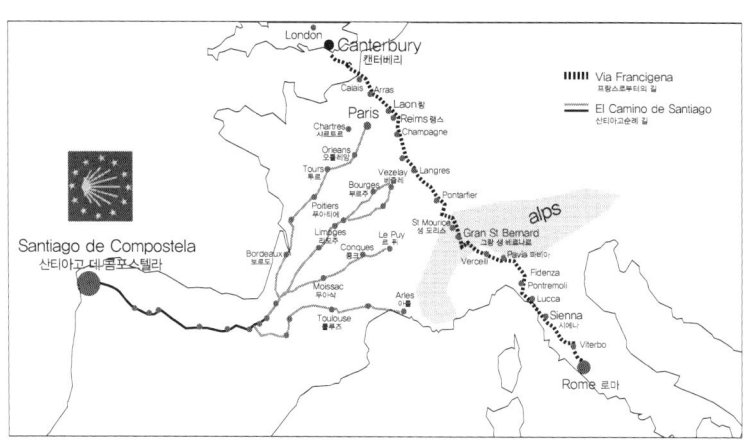

그림 25 산티아고 데 콤포스텔라로 향하는 순례 루트, 산티아고 순례길

미완의 완성, 보베 대성당_고딕이 꽃피운 대성당의 시대

성 제임스이고 나머지는 그의 제자인 것을 즉시 알아보았다"고 한다.

이 사실은 알폰소 2세Alfonso II(재위 791~842)에게 보고되었고, 그는 그 자리에 예배당을 세우도록 하였다. 이후 직접 그곳을 방문한 알폰소 2세는 예배당을 보다 큰 교회로 재건하였다. 10세기 후반에는 순례 열풍에 힘입어 이곳이 주요 순례지로 급성장하였으며, 1075년에는 주교 관할 구역으로 승격됨과 동시에 거대한 규모의 대성당 건축이 시작되었다.

이러한 전승은 13세기 초『코덱스 칼릭스티누스Codex Calixtinus/Compostellus』에 자세히 기록되어 있다. 최초의 여행 안내서로 여겨지는 이 문헌은 다섯 권의 책과 두 개의 부록으로 구성되어 있으며, 성 제임스의 생애와 기적, 유물의 이동 경로 등을 설명하고 있다. 특히 마지막 다섯 번째 책에는 순례자들이 어디에서 숙박하고, 어떤 유물을 보고, 어떤 음식을 조심하여

그림 26 순례 도구와 복장을 한 성 제임스(Rembrandt, 1661)와 무슬림을 물리치는 성 제임스(Giovanni Battista Tiepolo, 1750, 부다페스트 미술관)

야 하며, 심지어 성 제임스의 유물을 가지고 있다고 유혹하는 교회를 조심해야 한다는 등의 실용적인 정보를 담고 있어, 중세 순례자들에게 실제적인 지침서 역할을 한 것으로 보인다.

순례교회의 확장

예언된 천년이 가까워지면서 속죄와 구원을 염원하는 순례 열풍은 1200년까지 이어졌고, 산티아고 데 콤포스텔라를 향한 순례자들은 여정 중 유명한 성유물을 보유한 수도원과 마을을 찾아 많은 자금을 소비하였다. 이에 따라 순례 경로에 위치한 교회들은 유물을 안치하고 급증하는 순례자들을 수용하기 위해 교회를 확장하거나 새로 건축하였다.

대표적인 예로는 콩크*Conques*의 '생트 푸아 수도원*Abbey Church of Sainte-Foy*'을 들 수 있다. 산티아고 순례길의 인기 있는 중간 기착지였던 이 수도

그림 27 생트 푸아 수도원과 성녀 푸아의 성유물

원은, 화려한 보석으로 장식된 어린 순교자 '성녀 푸아Sainte Foy'의 성유물함 덕분에 많은 순례자들의 발길을 끌었다. 흥미롭게도 이 성유물은 원래 아쟁Agen의 교회에 보관되어 있었으나, 866년 콩크의 수도승이 이를 몰래 가져와 안치하였다. 이후 11세기에는 늘어나는 순례객들을 수용하기 위하여 건물을 대규모로 확장하였고, 순례 경로 또한 아쟁에서 콩크로 변경되었다.

이처럼 유물의 경제적 가치가 커지자 수도원과 교회는 귀중한 유물을 확보하려 했고, 가짜 유물이나 도난 유물이 유통되는 암시장도 생겨났으며, 주요 순례 교회는 대표 유물 외에도 수십 종의 유물을 함께 보관하고 있었다. 특히 툴루즈Toulouse의 생 세르냉 수도원Abbey of Saint-Sernin은 예수의 가시면류관, 십자가 조각, 그리고 200개 이상의 성인 유골을 소장하고 있으며, 이는 바티칸 다음으로 많은 수량이다.

로마네스크 건축의 정점을 이루는 동시에, 고딕 건축으로 향하는 출발점이 되는 순례 교회는 네이브nave에서 콰이어choir로 이어지는 중앙 공간은 전례 중심의 기능을 유지하고, 이중 아일double aisle과 반원형의 앰뷸러토리ambulatory, 방사형으로 배치된 작은 채플chapel들은 순례자들이 예식을 방해하지 않으면서 유물을 순차적으로 경배하고 이동할 수 있도록 공간을 효율적으로 구성하였다(그림 28). 이러한 순환형 공간 배치는 이후 고딕 건축의 기본 틀이 되었으며, 유물숭배와 순례교회의 발전은, 성 베네딕트Saint Benedict(c.480~550)의 규율 아래 조용히 살아가던 수도원 생활에도 커다란 변화를 가져왔다.

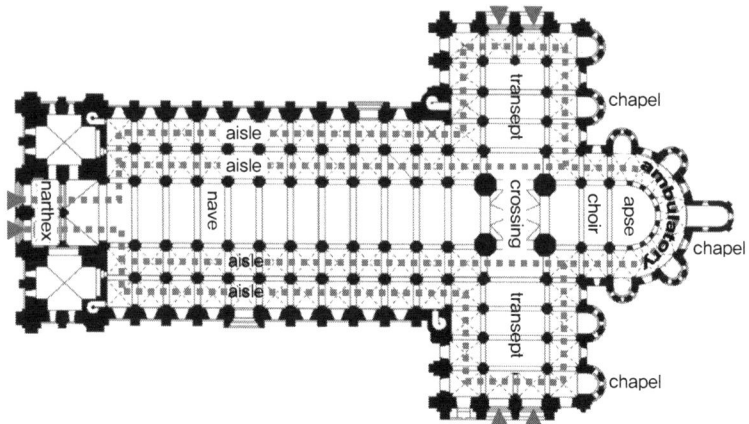

그림 28 툴루즈 생 세르냉 순례교회의 순환형 공간 배치와 순례동선

수도원의 개혁

성 베네딕트Saint Benedict of Nursia(480~547)의 규율에 따라 기도와 노동 그리고 공동체 생활을 중시하던 중세 수도원은 910년, 아키텐의 공작 윌리엄 1세Duke William I of Aquitaine가 프랑스 부르고뉴Bourgogne의 시골 마을 클뤼니Cluny에 수도원을 설립하면서 새로운 전환점을 맞이하게 되었다.

이른바 '클뤼니 개혁Cluniac Reforms'이라 불리는 이 운동은 성 베네딕트 수도회 소속이지만 규율을 더욱 엄격히 준수하고, 세속 권력으로부터의 자율성과 영적 갱신을 강조하였다. 그러나 가장 큰 변화는 독자적으로 운영되던 기존 수도원들과 달리, 클뤼니 수도원이 중심이 되어 중앙집권적인 구조로 운영되었다는 점이다. 따라서 클뤼니 수도원장Abbot of Cluny은 모든 부속 수도원을 통제하고 수도원의 규율과 예배 그리고 행정 등을 총괄하는 막강한 권한을 갖게 되었다.

이처럼 조직화된 클뤼니 수도원은 교황청과도 긴밀한 관계를 유지하였으며, 교회를 세속 권력으로부터 독립시키려 했던 교황 그레고리우스 7세의 개혁 운동Gregorian Reform을 추진하는 데 핵심적인 역할을 하였다. 그 결과, 클뤼니 출신 수도사들 가운데 다수가 주교, 추기경, 교황의 반열에 올랐으며, 제1차 십자군을 선포한 교황 우르반 2세Pope Urban II와 고딕 건축의 선구자로 알려진 생 드니의 수도원장 쉬제Abbot Suger가 그 대표적인 인물이다.

수도원의 네트워크

중세의 폐쇄적 사회 구조에도 불구하고, 클뤼니 수도원은 유럽 전역에 걸쳐 방대한 수도원 네트워크를 형성하며 단기간에 천 개가 넘는 부속 수도원을 설립하였다. 클뤼니 개혁은 교회 재산과 성직자 그리고 약자를 보호하는 '하나님의 평화Pax Dei' 운동과 성지 순례를 적극 장려하였고, 순례객들을 수용하고 보호할 수 있는 제도적 기반을 마련하였다. 이러한 흐름 속에서 유럽 각지의 왕과 귀족들은 클뤼니 수도원에 토지와 재산을 기부하였고, 수도원은 이를 바탕으로 급속한 성장을 이룩하였다. 특히 넘쳐나는 헌금과 기부금은 토지를 매입하기보다는 더 크고 장엄한 수도원 교회를 건축하는 데 집중적으로 사용하였다. "나무로 수도원을 세웠으나, 대리석으로 된 수도원을 남긴다"는 클뤼니 수도원장 오딜로Odilo of Cluny(c.962~1049)의 말은 당시 클뤼니의 풍족한 재정과 그에 따른 교세 확장을 잘 보여준다.

클뤼니 수도원의 순례 장려는 단순한 신앙적 차원을 넘어 경제적 이익과 기부금 증대를 도모하는 전략이기도 하였다. 클뤼니는 산티아고 데 콤포스텔라Santiago de Compostela로 향하는 주요 순례길과의 연계를 확대하면

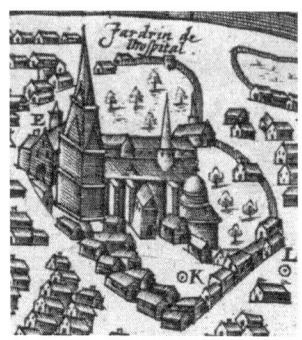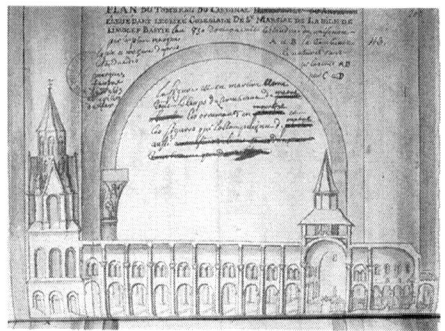

그림 29 (좌) 파괴 이전의 수도원 외부(Abbey of *Saint Martial*, 1594), (우) 전형적인 순례교회의 내부 단면

서, 순례로 이어지는 경로를 따라 수도원을 세우고 대형 교회를 건축하였다. 특히 산티아고로 향하는 다섯 개의 주요 순례길 중 세 개를 장악하기 위해 다양한 전략을 시도하였다. 그중 순례교회로 유명한 툴루즈의 생 세르냉 수도원Basilica of *Saint-Sernin*과 콩크*Conques*의 생트 푸아 수도원을 확보하기 위해 오랜 시간 법적 · 정치적 노력을 기울였으나 실패한 반면, 리모주*Limoges*의 생 마르시알 수도원Abbey of *Saint Martial*은 결국 인수하는 데 성공하였다(그림 29).

클뤼니의 성장과 수도원의 증축

세기말 순례 열풍과 함께 클뤼니 수도원의 급속한 확산은 중세 건축의 발전에 크게 기여하였다. 베네딕트 수도회의 핵심 정신인 "기도하고 일하라*Ora et Labora*"는 노동의 신성함을 말하고 있지만, 건축 공사와 같은 전문적 노동은 수도사들이 직접 수행하기 어려운 영역이었다. 이로 인해 유럽

미완의 완성, 보베 대성당_고딕이 꽃피운 대성당의 시대

각지에서 몰려든 숙련된 장인과 기술자들이 건축 활동에 참여하면서, 새로운 건축양식과 기술이 적용되고 다양한 경험이 축적되어 중세 건축의 비약적인 발전을 이끌어냈다. 이러한 건축적 성과의 대표적인 사례가 클뤼니 수도원 본부의 세 차례에 걸친 대규모 증축이다.

프랑스 보르도와 함께 와인으로 유명한 부르고뉴의 시골 마을에 위치한 클뤼니 수도원 본부는 유럽 전역의 클뤼니 부속 수도원장들과 긴밀한 관계를 유지하며 정기적인 집회를 통해 각 공동체의 상황을 보고받고 지침을 전달하였다. 초기에는 목재로 지어진 교회(클뤼니 I)가 있었지만, 수도원의 급격한 성장에 따라 석조건물인 교회(클뤼니 II)로 증축되었다. 그러나 이 역시 수도승 중심의 폐쇄적 구조였기 때문에 늘어나는 방문 수도사와 일반 대중을 수용하기에는 한계가 있었다. 이에 따라 클뤼니 수도원의 부와 권력이 절정에 달한 시점에, 이전에는 볼 수 없었던 거대한 규모의 세 번째 수도원 교회를 건축하기로 하였다.

클뤼니 III 착공

수도원 내부의 교회를 세 번째 증축한 '클뤼니 III'의 건립은 '카놋사의 굴욕Humiliation of Canossa(1073: 신성로마황제 헨리 4세Henry IV와 교황 그레고리 7세Gregory VII의 대립)'으로 알려진 역사적인 사건에서 중재자 역할을 수행한 클뤼니 수도원장 위그Hugh(1024~1109)의 주도로 1088년 공식적으로 기초가 놓였다. 이는 마침 클뤼니 수도원 출신의 우르반 2세Urban II가 교황으로 즉위한 해이기도 하다.

클뤼니 III는 산하 수도승들과 일반 대중을 수용하기 위해 대규모로 계획되었으며, 평면 구성은 산티아고 순례길에 위치한 투르의 생 마르탱Saint-Martin, Tours 순례교회와 툴루즈의 생 세르냉Saint-Sernin, Toulouse 순례

교회를 참조하였다(그림 28). 따라서 일반인의 접근이 차단되었던 클뤼니 II의 폐쇄적인 콰이어choir 구조에서 앰뷸러토리ambulatory를 갖춘 개방형 콰이어로 변경하여 수도원 예배를 일반 신자들도 접근할 수 있도록 변화하였다(그림 30).

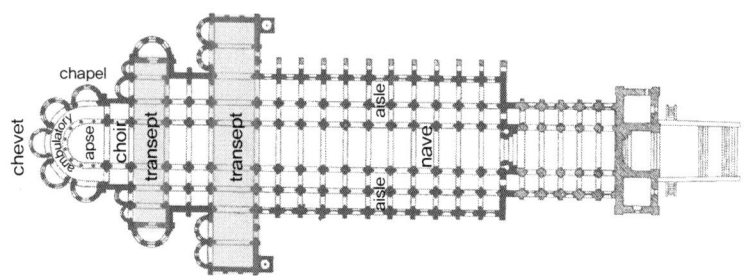

그림 30 클뤼니 III 수도원 교회의 평면

사실 클뤼니 수도원은 순례길에서 벗어난 외진 지역에 있으며, 지하묘소crypt와 성인의 유골을 갖추지 않은 점에서 전형적인 순례교회의 요건을 충족하지 않음에도 불구하고 클뤼니 III는 청중을 위한 대형 공간을 갖춘 웅장한 규모로 건축되었다(그림 30). 이에 대해 다양한 해석이 존재하지만, 주된 목적은 클뤼니 수도원의 본부로서 교단의 통합과 결속을 상징하는 기념비적 중심지로서의 위상을 확보하고 순례의 출발장소로서의 역할을 하기 위한 것으로 보인다.

순례의 주요 거점

당시 수도원장 위그는 툴루즈의 생 세르냉Saint-Sernin을 확보하는 데 실패한 이후, 콩크의 생트 푸아Sainte-Foy를 차지하기 위한 법적 · 정치적 투쟁을 지속하고 있었다. 특히 르퓌Le Puy를 경유하여 클뤼니까지 순례 루트

미완의 완성, 보베 대성당_고딕이 꽃피운 대성당의 시대

를 연장하려는 계획에 집중하고 있었으며, 이를 통해 생 드니*Saint-Denis*나 베즐레*Vézelay*에서 출발하는 순례길처럼 '비아 포디엔시스*Via Podiensis, Le Puy Route*'를 클뤼니로 연결하여, 순례 출발과 관련된 의례가 시작되는 성소로서의 상징적 위상을 확보하고자 하였다(그림 31). 이러한 맥락에서 클뤼니 III의 건축에는 순례의 주요 거점으로서 기능하기 위한 상징성이 의도적으로 반영되었을 가능성이 크며, 이는 위그가 툴루즈의 생 세르냉보다 콩크 수도원을 장기간에 걸쳐 확보하려 했던 이유를 설명해 준다.

1095년 11월, 교황 우르반 2세가 프랑스 클레르몽에서 종교회의Council of Clermont를 개최하고 "하나님의 뜻*Deus vult*"이라 외치며 제1차 십자군 원정을 호소하기 한 달 전, 자신이 수도원장으로 재직했던 클뤼니를 방문하

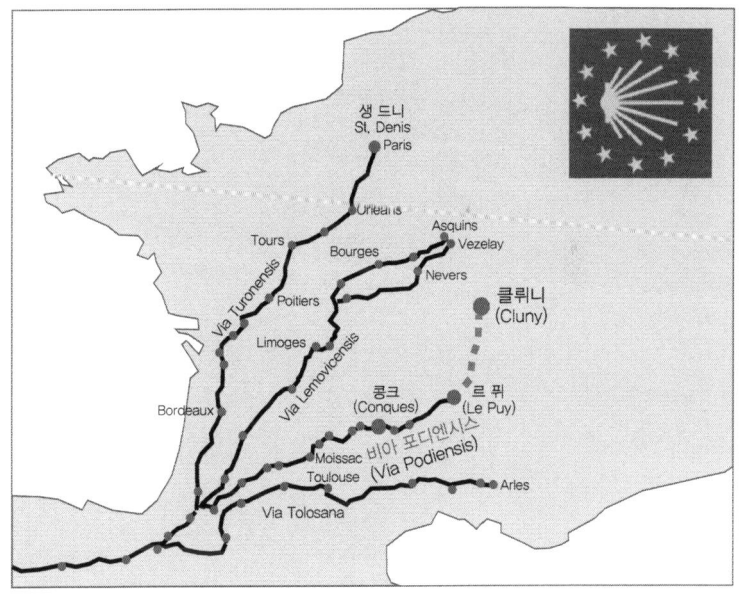

그림 31 산티아고 데 콤포스텔라를 향하는 4개의 순례루트 중 비아 포디엔시스와 클뤼니

여 방사형 채플과 제단이 완성된 클뤼니 III의 콰이어에서 봉헌식을 거행하였다. 비록 전면만 완공되었지만 교황을 비롯한 참석자들은 앞으로 건축될 거대한 구조와 화려한 장식에 깊은 인상을 받았는데, 그중 그 누구보다도 깊은 감명을 받은 이는 아마도 클뤼니 소속의 젊은 수사였던 쉬제 *Suger*였을 것이다. 당시 상상을 초월하는 30m에 달하는 웅장한 내부 공간은, 훗날 그가 고딕 건축을 탄생하게 한 직접적인 동기와 영감이었을 것이다.

그림 32 클뤼니 III 교회의 복원도(1887~1901)

클뤼니 III 교회의 완공

1135년에 완공된 클뤼니 III 교회는 유럽 최고의 건축가, 조각가, 화가들이 참여한 대규모 교회로, 로마의 '성 베드로 바실리카'가 재건되기 전까지 유럽에서 가장 큰 규모를 자랑하는 교회였다. 클뤼니 수도원 소속 전체 수도사를 수용할 수 있을 정도의 거대한 공간은 수도사들에게 자긍심을 안겨주었고, 웅장한 건축물을 보기 위해 많은 방문객을 끌어들였을

미완의 완성, 보베 대성당_고딕이 꽃피운 대성당의 시대

것이다. 그러나 클뤼니는 지리적으로 주요 순례 경로에서 벗어나 있었고, 순례의 핵심 동기가 되는 성유물 역시 부재했기 때문에, 죄의 사함이나 기적을 기대하던 중세 순례자들에게는 매력적인 목적지가 되지 못하였다.

클뤼니는 광범위한 영지와 부속 수도원들로부터 수익을 얻었으나, 수도원을 유지하고 정기적으로 방문하는 대중을 감당하기에는 부족했으며, 대규모 공사에 투자된 막대한 비용은 점차 재정 부담으로 전환되었다. 클뤼니 III의 공사는 '죽은 이를 위한 미사Mass of the Dead'에 엄청난 기부를 약속한 스페인 왕 알폰소 6세Alfonso VI의 후원 덕분에 순조롭게 진행되었지만, 스페인 이슬람 왕국의 반격과 십자군 원정 그리고 백년전쟁Hundred Years' War(1337~1453) 등의 정치적 불안정과 대중의 관심 감소로 인해 명성이 확고한 순례교회들의 풍족함과는 대조적으로 점차 쇠퇴하게 되었다. 결국 프랑스혁명 이후 교회 재산이 국가에 귀속되면서 클뤼니 수도원은 석재 판매장으로 전락하였고, 대부분의 건축물이 파괴되었다. 오늘날에는 남쪽 트랜셉트trancept 일부만이 과거의 장엄했던 규모를 짐작하게 할 뿐이다.

시토 수도회와 새로운 건축양식

베네딕트 수도회 체제 안에서 엄격한 규율의 준수를 통해 수도원 개혁을 이끌었던 클뤼니는 시간이 흐르며 물질적 풍요와 안락함에 젖어 초기 정신이 퇴색되고 타락하였다. 이에 반발한 일부 수도승은 보다 철저한 규율과 금욕주의를 강조하는 새로운 개혁 운동을 시작하였다. 그중 '몰렘의 로베르Robert of Molesme(1028~1111)'는 뜻을 같이하는 동료들과 함께 클뤼니

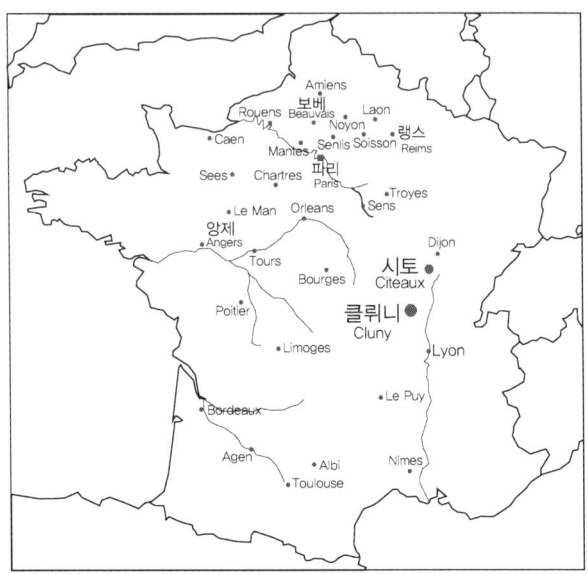

그림 33 프랑스 중세도시, 클뤼니와 시토

에서 멀지 않은 디종*Dijon*의 늪지대 '시토*Citeaux*'에 새로운 수도원을 1098년
에 창설하여, 순수한 노동과 자급자족을 바탕으로 청빈한 수도생활을 실
현하고자 하였다(그림 33).

    클뤼니 수도원에서 편안한 삶을 누리는 수도승과 이들을 뒷바라지하
는 다수의 노동자와 방문자에게 숙식을 제공하기 위해서는, 영지의 생산
량으로는 부족하여 예배의식을 통한 기부금에 주로 의존한 반면, 외딴 지
역에 설립된 시토 수도원은 수도승만이 자급자족하며 독립적으로 영적
생활을 지향하였다. 무엇보다도 클뤼니가 기존 베네딕트 수도회 내에서
개혁을 목표로 수도원 간의 네트워크를 구축한 것이라면, 시토는 독자적
인 규율과 행정조직을 갖춘 완전히 새로운 수도회를 창설한 것이다. 따라
서 수도원의 이름을 따서 시토 수도회Cistercian Order라 불리며, 베네딕트

미완의 완성, 보베 대성당_고딕이 꽃피운 대성당의 시대

수도사들이 착용한 검은 두건과 달리 흰색 복장을 입었기 때문에 '백색의 수도승White Monks'으로 불렸다.

퐁트네 수도원Fontenay Abbey과 시토건축

클뤼니 III 교회의 완공과 더불어 클뤼니의 세력이 점차 쇠퇴한 반면, 시토회는 금욕주의와 자급자족, 세속과의 이격을 강조하며 유럽 전역으로 급속히 확산되었다. 특히 클레르보의 성 베르나르Saint Bernard of Clairvaux(1090~1153)는 탁월한 학식과 웅변으로 많은 이들을 설득하여, 제2차 십자군 원정을 주도하는 데 결정적 역할을 하였다. 그는 시토회를 더욱 엄격히 개혁하기 위해 1118년 부르고뉴의 계곡지대에 '퐁트네 수도원Fontenay Abbey'을 새로운 본부로 건축한 뒤 유럽 각지의 시토 수도원 건축에 적용될 엄격한 지침을 마련하였다(그림 34).

'시토건축Cistercian architecture'으로 알려진 건축지침은 기도자들이 현혹

그림 34 재료의 순수성과 빛을 위하여 포인티드 배럴 볼트로 건축된 퐁트네 수도원

하지 않도록 화려한 장식은 피하고, 건물의 순수성과 빛에 의한 건축을 주장하였으며, 대부분의 시토 수도원들은 이러한 원칙을 구현한 퐁트네 수도원의 양식을 따랐다. 이처럼 빛과 구조의 순수성을 중시한 시토건축의 원칙은, 성 베르나르의 친구이자 클뤼니 수도원에 새로운 변화를 추구한 쉬제 수도원장Abbot Suger이 자신의 수도원 건축에 이를 적용함으로써, 고딕 양식의 형성과 발전에 결정적인 토대를 제공하게 되었다.

제 4 장

무엇이 고딕을 어렵게 만드는가?

제 4 장

무엇이 고딕을 어렵게 만드는가?

고딕 건축을 단순히 구조적·기술적 발전의 결과로 보는 기존 접근법을 넘어 시대정신을 반영하는 건축이라는 개념을 정립하는 데 기여한 에르빈 파노프스키Erwin Panofsky(1892~1968)는 『고딕 건축과 스콜라 철학Gothic Architecture and Scholasticism』(1951)에서 중세의 스콜라 철학과 고딕 건축의 공간 구성 사이의 구조적 유사성을 제시하며, 고딕 건축을 사고방식의 표현으로 이해할 수 있는 이론적 기반을 마련하였다. 이 저서에서 고딕 평면과 관련해 자주 인용되는 내용을 번역한 글을 옮기면 다음과 같다.

"고딕 교회의 평면은 신랑身廊, 수랑修廊, 후진後陣 세 부분으로 나뉘며, 각 부분은 동일한 방식으로 다시 분할된다. 신랑은 중앙의 주랑主廊을 중심으로 양쪽에 측랑側廊을 두고, 후진은 내진內陣과 회랑 그리고 경당들로 이루어진 반원형 구성으로 나뉠 수 있다. 3랑식 평면은 주랑과 양측의 측랑으로 구성되며, 5랑식의 경우 측랑이 양쪽에 하나씩 더해진다. 이러한 구성에서는 중심부에서 가장자리로 갈수록 공간의 위계가 낮아지는 구조를 이룬다."

미완의 완성, 보베 대성당_고딕이 꽃피운 대성당의 시대

비록 우리말로 번역된 문장이지만, 용어에 대한 설명 없이 도판이나 실제 건축물을 함께 보지 않으면 이해하기 어렵다. 특히 '사랑채 랑廊'과 같은 일본식 한자어의 반복은 오히려 고딕 건축이 동양 건축처럼 느껴지게 할 뿐 아니라, 독자와 고딕 건축 사이의 거리감을 더욱 넓히기도 한다.

'네이브nave'를 '신랑' 또는 '주랑'으로, '트랜셉트transept'를 '수랑', '횡랑', 혹은 '익랑'으로 번역한 글을 접하면, 고딕 건축을 향한 첫발을 내딛기도 전에 포기하고픈 마음이 생길 수 있다. 이러한 낯선 용어의 혼재는 중세라는 시간적 거리만큼이나 독자의 이해를 방해하는 요인이 될 수 있어, '아치arch'를 아치로 받아들이듯이, 주요 용어들을 외래어로 기억하고 익히는 것이 고딕 건축을 직관적으로 이해하는 데 도움이 될 것이다.

파노프스키가 말한 고딕 대성당의 평면은 단순한 건축 설계도가 아니라, 공간 전체를 조직하는 구조적 기반이며, 동시에 중세 철학에서 사용된 신학적 상징과 정신적 질서를 담는 핵심 요소이다. 이론적인 중요성을 떠나 고딕 평면에 대한 이해는 대성당 내부에 들어섰을 때 거대한 공간에 압도되어 헤매는 일 없이 중세의 시대정신을 체험할 수 있는 기반을 마련해 준다. 따라서 고딕 대성당 내부 평면이 어떻게 구성되있는지를 살펴보고, 각 공간과 영역에 대한 정확한 명칭과 기능을 이해하게 되었을 때 복잡하고 난해하게 느껴졌던 고딕 건축을 바라보는 힘이 생길 것이다.

고딕 대성당의 내부 평면구성

그리스도교가 로마 제국으로부터 공인된 이후, 가정교회house church에서 독립된 교회 건축이 가능해졌지만, 신앙생활과 전례 의식을 위한 고유한 건축 양식은 존재하지 않았다. 이에 따라 초기 교회는 기존 로마의 건축 유형과 종교적 전통 중에서 교회의 기능과 형태를 가장 적절히 수용할 수 있는 구조를 참조하게 되었으며, 그중 가장 적합하다고 여겨진 것이 로마포럼forum을 구성하는 건축물 중 하나였던 '바실리카basilica'였다.

바실리카와 교회건축의 발전

바실리카는 집회와 재판, 심지어 상업활동이 복합적으로 이루어지는 직사각형 평면의 공공건물로, 출입구 반대편 끝에는 '엑시드러exedra'라고 불리는 반원형 공간이 있어 황제나 재판관이 이곳에서 연설하거나 판결을 내리곤 하였다(그림 35). 이러한 공간 구성은 집회와 예배를 필요로 하는 초기 교회의 실용적 요구뿐 아니라 상징적 위계를 표현하는 데에도 적합하였기 때문에 교회건축은 이를 바탕으로 발전하였다.

특히 건물의 끝부분에 위계상 높은 자리의 역할을 하는 엑시드러는 '반원형의 돌출된 공간'을 의미하는 '앱스apse'로 전이되어 제단과 주교좌를

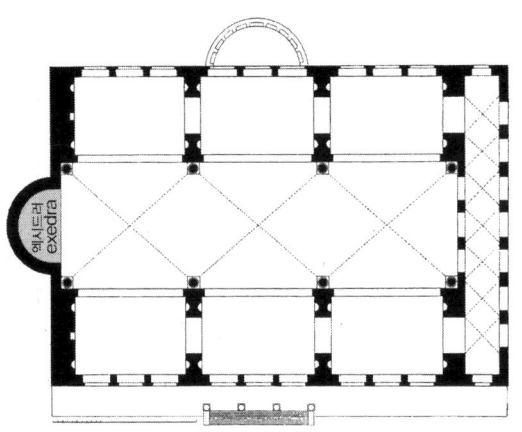

그림 35 고대 로마 후기의 바실리카(Basilica of Maxentius and Constantine)와 '엑시드러'

미완의 완성, 보베 대성당_고딕이 꽃피운 대성당의 시대

그림 36 초기 교회 내부와 앱스(Basilica of Sant'Apollinare in Classe, 549)

설치함으로써 성직자 중심의 전례 공간으로 기능하였다. 또한 앱스의 반원형 구조는 우수한 음향효과를 제공하고 시각적으로 주의를 집중시키는 공간 연출이 가능하며, 동서로 배치된 교회의 동쪽 끝에 위치하여, 창을 통한 빛으로 신성한 분위기를 조성하거나 화려한 장식으로 성스러움을 강조하였다(그림 36).

이처럼 출입구에서 점차 내측으로 진입할수록 신성성이 고조되는 공간 구성 방식은 이미 고대 이집트 신전에서도 확인되는 위계적 공간 구조이며, 초기 그리스도교 건축에서도 이를 계승하였다. 바실리카 양식을 참조하여 교회를 건축할 때는, 먼저 봉헌될 성인의 성유물을 앱스에 안치한 후, 전례를 위한 '콰이어choir', 십자형 평면을 형성하는 '트랜셉트transept', 그리고 신자들이 머무는 '네이브nave' 공간을 순차적으로 건축하였다. 그러나 예배자의 동선은 이러한 건축 순서와는 반대 방향으로 진행된다.

네이브nave와 아일aisle: 신자들의 공간

고딕 대성당을 방문하는 이들은 장엄한 파사드에 시각적으로 압도된 후, 거대한 입구를 지나 나르텍스narthex라 불리는 전이 공간을 통과하여 세속과 성스러움의 경계를 넘어, 성소를 향해 길게 펼쳐진 네이브 공간으로 진입하게 된다(그림 37).

직사각형으로 길게 구성된 중앙 공간의 '네이브nave'는 라틴어 '배navis'에서 유래하였다. 이는 교회를 천국으로 인도하는 배에 비유하고, 교황은 이를 운항하는 선장으로 상징한 중세의 비유적 사고에서 비롯된 명칭이다. 네이브의 기능은 일반 신도들이 모여 예배를 드리거나 의식을 거행하는 공간으로, 성직자의 영역인 앱스apse와는 명확히 구분되는 장소이다. 소규모 교회의 경우 단일의 네이브 공간으로 구성되지만, 대규모 교회에서는 중앙의 네이브와 이를 둘러싼 통로로 공간을 구획한다.

'아일aisle'은 일반적으로 기둥에 의해 구분된 측면 통로로서, 예배가 진행되는 동안 방해를 최소화하면서 자연스럽게 이동할 수 있는 기능을 수행한다. 특히 순례 교회의 경우, 성유물을 참배하려는 다수의 순례객을 수용하고 효율적인 순환 동선을 확보하기 위하여 네이브 양측에 한 개 이상의 아일을 설치하였다. 예를 들어, 아미앵 대성당은 한 개의 아일만 가지고 있는 반면, 파리의 노트르담 대성당은 중앙 네이브를 중심으로 양측에 각각 두 개의 아일이 배치되어 있다(그림 37, 38).

네이브와 아일은 기능적인 관점에서 구분되는 용어이나, 신도들이 머무는 영역 전체를 '네이브'라고 주로 지칭한다. 따라서 네이브는 단순히 교회 내부의 한 구역을 의미하는 것이 아니라, 교회가 지닌 상징적 의미와 공동체적 기능을 함께 담고 있는 공간적 개념으로 이해하여야 한다.

미완의 완성, 보베 대성당_고딕이 꽃피운 대성당의 시대

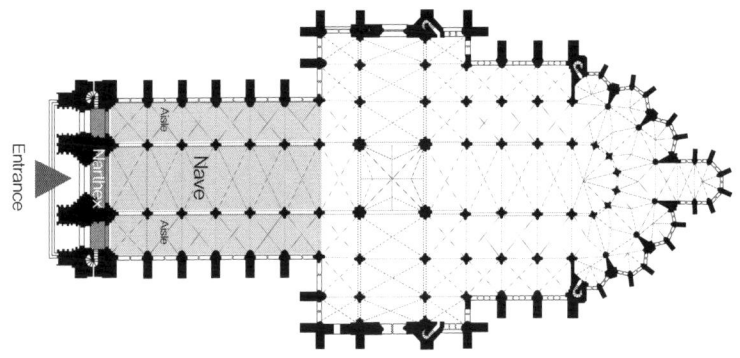

그림 37 아미앵 대성당의 네이브와 아일

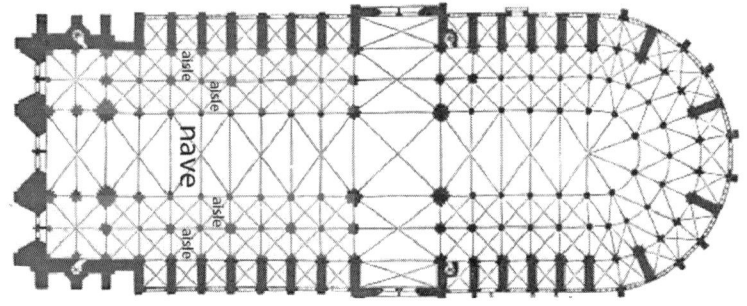

그림 38 파리 노트르담 대성당의 2중 아일

트랜셉트transept: 공간의 분리

바실리카 양식을 바탕으로 발전한 중세 교회는 신자의 증가와 함께 점차 규모가 확장되었다. 특히 다양한 성유물의 안치와 성직자의 예배 공간이 확대되면서, 기존의 앱스apse만으로는 모든 기능을 수용하기 어려워졌다. 이에 따라 로마네스크 시대부터 성직자의 영역인 교회의 '동쪽 끝east end'이 점진적으로 확장되었다. 이러한 공간 확장은 성직자의 영역과 일반

제4장 무엇이 고딕을 어렵게 만드는가?

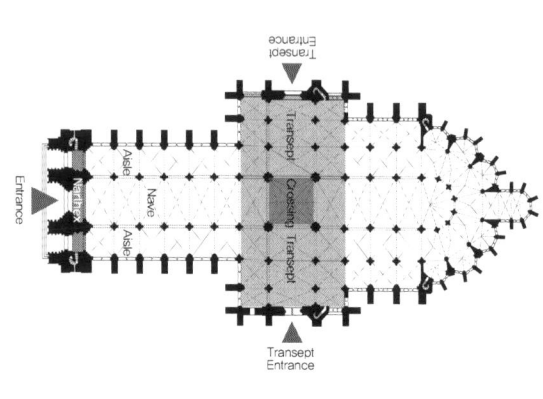

그림 39 트랜셉트(아미앵 대성당 평면)와 랭스 대성당의 북측 출입구

신도의 공간을 명확히 구분하는 트랜셉트의 도입으로 구체화되었다.

'트랜셉트transept'는 라틴어 '분리하는 공간transeptum'에서 유래한 용어로 교회 내부 공간을 구획하는 역할을 하는 동시에 교회 평면을 십자가 형태로 만들어 상징적인 의미를 더하였다. 심지어 트랜셉트는 단순한 횡단 공간을 넘어, 채플을 배치하여 성유물을 보관하는 기능을 추가로 수행하면서 규모도 커졌으며, 성직자와 신자들이 출입하는 보조 출입구 역할도 하였다(그림 28, 39).

고딕 후기 건축에서는 트랜셉트를 주 출입구보다 더욱 화려한 '장미창 rose window'을 설치하여 장식적 효과를 극대화하였다. 파리 노트르담 대성당의 트랜셉트 상부의 장미창은 이러한 경향을 대표하는 예로, 후기 고딕 양식의 화려한 장식으로 재건축하였다. 또한, 보베 대성당의 경우, 네이브가 완공되지 않아 서쪽에 주 출입구가 없지만, 거대하고 화려한 남쪽 트랜셉트가 실질적인 주 출입구의 역할을 하고 있다. 이는 트랜셉트가 단

미완의 완성, 보베 대성당_고딕이 꽃피운 대성당의 시대

순한 측면 공간을 넘어, 교회의 주요 출입구로 기능할 수 있음을 잘 보여준다(그림 122).

콰이어choir: 성직자의 공간

트랜셉트를 지나 성직자의 영역에 들어서면, 교회의 성장에 따라 다양한 공간이 형성되어 제단altar, 성소sanctuary, 챈슬chancel, 콰이어choir 등의 용어를 학자들 간에도 혼용하고 있다. 이로 인해 개념의 불명확성과 고딕 건축의 공간 구조를 이해하기 어렵게 만든다. 예를 들어, 신자와 성직자의 영역을 구분하는 '칸막이cancellus'에서 유래한 '챈슬'은 성직자들이 예배를 준비하며 앉는 공간으로, 성가대석을 의미하는 '콰이어'와 혼용되곤 한다. 또한 일부 학자는 콰이어와 성소를 포함한 영역 전체를 챈슬이라 부르기도 하며, 같은 공간을 '프레스비터리presbytery'라고 지칭하기도 하지만, 일반적으로 트랜셉트를 넘어 동쪽 전체 공간을 '콰이어'라고 부른다.

'제단', '성소', '앱스apse' 역시 문헌에 따라 혼용되는 경우가 많아, 명확한 개념 구분 없이는 고딕 건축을 이해하는 데 장애가 된다. '제단'은 라틴어 'altare(높은 곳 또는 희생의 장소)'에서 유래하며, 예배의 핵심이 되는 신성한 장소로 교회 내 가장 중요한 위치에 자리한다. 초기 교회에는 단순한 석재 테이블 형태였으나, 시간이 흐르며 제단 덮개나 장식 구조물이 더해져 점차 화려해졌다. 바티칸의 성 베드로 바실리카 중앙 제단은 베르니니Gian Lorenzo Bernini(1598~1680)가 설계한 장엄한 발다치노Baldacchino로 유명하다(그림 40).

제단이 물리적 형태를 지닌 구체적인 요소라면, '신성한sanctuarium'이라

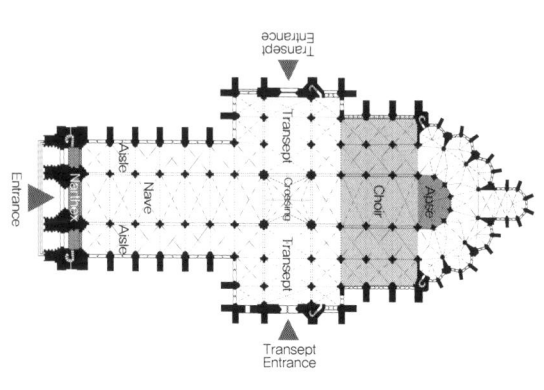

그림 40 콰이어와 앱스(아미앵 대성당 평면) 그리고 베르니니의 발다치노

는 의미의 '성소sanctuary'는 제단과 성유물이 안치된 공간의 성스러운 영역을 의미한다. 반면, '앱스apse'는 반원형으로 된 건축적 공간 요소로, 제단을 보호하고 장식하는 역할을 하며, 고딕 시대에 이르러 후면부가 확장되어 슈베chevet 및 방사형 채플들로 구성되었다. 이러한 용어들은 같은 공간을 사용하기 때문에, 정리하면 '제단altar'은 물리적 대상, '성소'는 그 대상이 위치한 공간의 성격, '앱스'는 공간을 구성하는 건축적 형상이라 할 수 있다(그림 41).

이처럼 교회 평면을 구성하는 다양한 용어들은 외래어이든 번역어이든, 꾸준한 관심과 반복적인 사용 없이는 쉽게 잊히기 마련이다. 그러나 이러한 개념들을 인체에 비유해 이해하면 오랫동안 기억하는 데 도움이 된다. 초기 바실리카 교회는 '앱스(머리)'와 '네이브(몸통)'로 단순하게 구성되었으나, 점차 양팔을 벌린 형태의 트랜셉트가 추가되며 십자가 형상의 평면이 완성되었다. 이후 수많은 성유물과 유해가 발견되면서, 이를 보관하

미완의 완성, 보베 대성당_고딕이 꽃피운 대성당의 시대

그림 41 제단과 앱스로 구성된 성소(*Ravenna SantApollinare Classe*)

고 기념하기 위한 공간의 필요성이 커졌고, 성직자의 기도와 매장을 위한 지하 공간인 '크립트crypt'에는 주교나 성직자들이 안치되었으며, 성인의 유해와 유물을 참배할 수 있도록 지상에는 순례자들을 위한 예배 공간이 필요하게 되었다.

채플chapel: 예배자의 공간

대성당처럼 규모가 큰 교회에는 중앙의 주 제단 외에도, 교회 내부 또는 독립된 공간에 성인에게 봉헌된 제단이나 장례 미사 그리고 개인 기도를 위한 작은 예배 공간을 마련하였는데, 이를 '채플chapel'이라 부른다.

채플은 대성당의 동쪽 끝, 원형의 앰뷸러토리ambulatory 통로를 따라 방사형으로 배치되어 있으며, 주로 홀수로 구성되어 있다. 중앙의 채플은 성모 마리아에게 봉헌된 경우가 많아, '레이디 채플Lady chapel'이라 불린다(그림 43). 한편, 교회parish church에서 멀리 떨어진 지역에 사는 신자들이 쉽게 예배를 드릴 수 있도록 지어진 작은 예배당은 '부속예배당chapel of ease'이라 한다.

'채플'의 어원에는 다음과 같은 흥미로운 전설이 전해진다. 백년이나 지난 생 모리스의 피가 담긴 유물을 앙제 대성당으로 가져와 봉헌하였던, '투르의 생 마르탱Saint Martin of Tours'은 본래 로마 제국의 군인이었다. 갈리아 원정 중 혹한의 어느 날, 성문 앞에서 떨고 있는 한 거지를 보고, 주저 없이 자신의 망토cape를 반으로 잘라 나누어 주었다. 그날 밤, 마르탱은 꿈속에서 자신이 건네준 반쪽 망토를 입은 예수를 보았고, 예수는 천사들에게 "이 망토는 마르탱이 나에게 준 것이다"라고 말씀하셨다. 이 꿈은 마르탱의 삶에 결정적인 전환점을 가져왔고, 그는 곧 세속을 떠나 그리스도교로 개종하여 수도승의 길을 걷게 되었다고 한다(그림 42).

이후 생 마르탱은 병자와 가난한 이들을 위한 연민과 겸손의 삶을 실천하며 투르의 세 번째 주교가 되었고, 프랑스에서 가장 경건하고 존경받는 성인으로 추앙받았다. 당시 그가 나눠준 '망토cappa'는 귀하게 보관되었고, 이를 안치한 장소는 '작은 망토'를 뜻하는 라틴어 '카펠라capella'로 불리

그림 42 생 마르탱의 망토와 거지. (좌) *Anthony van Dyck*(c.1618, Church of Saint Martin), (우) *El Greco*(c.1577~1579, National Gallery of Art)

게 되었다. 나중에 이 단어는 작은 예배 공간을 의미하는 '채플chapel'의 어원이 되었다고 한다.

슈베chevet: 순례와 고딕의 상징

트랜셉트에 의해 평신도와 성직자의 영역이 구분된 교회 공간은, 중세 후기로 접어들어 성유물 숭배와 성모 마리아에 대한 신심이 고조됨에 따라 자연스럽게 더 많은 예배 공간이 필요하였다. 특히 위계상 가장 중요한 동쪽 끝, 제단 후면에 위치한 공간에는 성직자의 전례를 방해하지 않으면서 순례자들이 자유롭게 접근할 수 있는 순환형 동선이 요구되었다. 이에 따라 기존의 앱스 뒤편에 '앰뷸러토리ambulatory'라는 원형 회랑을 설

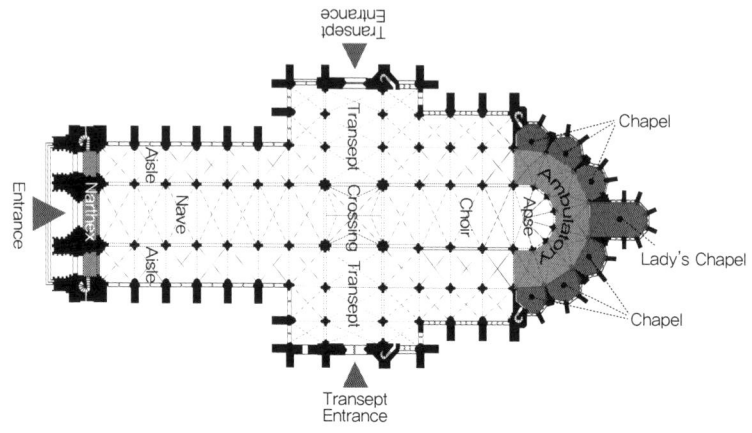

그림 43 앰뷸러토리를 따라 방사형으로 채플이 배치되어 있는 슈베(아미앵 대성당 평면)

치하고, 그 외곽을 따라 방사형으로 채플을 배치하는 구조가 도입되었다. 이로써 순례자들은 이 통로를 따라 자연스럽게 이동하여 성유물을 친견 하고 기도할 수 있었다. 이렇게 앰뷸러토리 통로를 따라 배치된 채플을 '슈베chevet'라고 부른다(그림 43).

　'앱스 채플apse/apsidal chapel' 또는 '방사형 채플radiating chapel'로도 불리 는 '슈베'는 '머리'를 뜻하는 프랑스 고어 'chevez'에서 유래한 용어로, 로마 네스크 후기부터 발전하여 고딕 양식을 대표하는 공간 형식으로 자리 잡 았다. 이러한 슈베의 공간 구성은 산티아고 순례길을 따라 세워진 순례교 회에서 쉽게 확인할 수 있다. 최종 목적지인 산티아고 대성당을 비롯하여 툴루즈의 생 세르냉 성당은 다섯 개의 방사형 채플을 갖추고 있으며, 생 드니 바실리카는 일곱 개의 채플을 통해 내부 공간을 확장하고, 풍부한 채광을 유도함으로써 고딕 건축의 새로운 양식을 선도하였다. 이후 고딕 양식이 발전하면서 슈베는 단지 제단 주변 공간을 분리하는 기능을 넘어, 높고 넓은 창을 설치하여 스테인드글라스를 통해 유입되는 빛으로 종교

미완의 완성, 보베 대성당_고딕이 꽃피운 대성당의 시대

적 감흥을 극대화하는 핵심 요소로 발전하였다. 이처럼 슈베는 고딕 건축의 공간 개념, 기능적 요구, 그리고 상징적 의미가 복합적으로 집약된 구성 요소라 할 수 있다.

고딕 평면은 네이브, 트랜셉트, 콰이어 외에도 다양한 요소들로 이루어져 있으나, 고딕 건축의 핵심적인 평면 요소를 중심으로 살펴보았다. 이제 서두에 인용한 파노프스키의 설명을 다음과 같이 수정된 문장으로 이해한다면, 고딕 건축의 세계로 향하는 여정을 한층 더 자연스럽게 시작할 수 있을 것이다.

"고딕 교회의 평면은 네이브nave, 트랜셉트transept, 콰이어choir — 파노프스키는 콰이어를 포함한 전체 동쪽 공간을 슈베chevet라고 지칭 — 의 세 부분으로 나뉜다. 네이브는 중앙 통로를 기준으로 양쪽에 아일aisle이 배치되고, 콰이어는 앱스apse와 앰뷸러토리ambulatory 그리고 방사형 채플chapel로 구성된 반원형의 형태를 이룬다. 세 개의 아일을 가진 평면은 네이브와 양측의 아일로 구성되며, 다섯 개의 아일을 가진 경우에는 측면에 아일이 한 쌍 더해진다. 이러한 구성은 중심에서 가장자리로 갈수록 공간의 위계가 점차 낮아지는 구조를 보여준다."

무엇이 고딕을 만드는가?

제 5 장

무엇이 고딕을 만드는가?

그리스와 로마 양식, 로마네스크와 르네상스 양식, 그리고 바로크와 로코코 양식은 형태의 단순성 덕분에 겉보기에 쉽게 구분할 수 있을 것처럼 보인다. 그러나 실제로는 각 양식 간의 유사성과 중첩되는 요소들로 인해, 그 차이를 명확히 가려내는 일은 일반적인 지식을 넘어서는 경우가 많다.

이에 비해 고딕 양식은 다양한 형태가 혼합되어 복잡해 보이지만, 오히려 몇 가지 대표적인 요소만 알고 있어도 쉽게 구분 가능한 양식으로 여겨진다. 물론 어느 정도 일리가 있지만, 르네상스 양식이 고전주의 이론을 바탕으로 체계적으로 발전한 데 비해, 고딕 건축은 수많은 장인들이 각자의 경험과 고유한 기법을 통해 만들어낸 결과물이며, 규모가 워낙 커서 짧은 시간 안에 완공하기 어려웠기 때문에, 지역마다 다른 특징을 보일 뿐 아니라 하나의 건물 안에서도 다양한 양식이 섞여 있는 경우가 많아 단일한 기준으로 설명하기는 쉽지 않다.

그럼에도 불구하고, '포인티드 아치pointed arch', '립 볼트rib vault', '플라잉 버트리스flying buttress'와 같은 구조적인 요소들은 고딕을 다른 양식과 구분

짓는 핵심 요소로서, 이 세 가지가 어떻게 상호작용하여 고딕 건축의 본질을 형성해 가는지를 이해한다면, 낯설고 복잡하게 보이던 고딕 건축물에 좀 더 친숙하게 다가갈 수 있을 것이다.

내부 공간과 아치의 발전

인류가 건축을 시작하면서 처음 직면한 과제는 지붕을 덮어 내부 공간을 만들고, 벽의 일부를 개방하여 채광과 출입을 가능하게 하는 것이었다. 이를 해결하는 가장 단순한 방식은 수직 기둥 위에 수평 부재를 얹는 구조post & lintel이다(그림 44). 철골이나 철근콘크리트 구조가 개발되기 이전에는 인장력에 약한 석재 대신 주로 목재가 수평 부재로 사용되었다. 그러나 고딕 대성당에 들어서면, 순수한 석재만으로 구성된, 상상을 초월하

그림 44 포스트-린텔 구조Stonehenge

는 규모의 내부 공간이 눈앞에 펼쳐진다. 이러한 고딕 건축을 이해하기 위해서는 석재라는 재료의 물성과 아치 구조의 원리를 살펴볼 필요가 있다.

힘의 균형

건축물이 무너지지 않고 안정된 상태를 유지하기 위해서는 모든 힘이 '평형상태equilibrium'를 이루어야 한다. 예를 들어, 100kg의 사람이 공중이나 물 위에 서 있을 수 없지만, 단단한 바닥 위에는 설 수 있는 이유는, 몸 무게를 반대방향(-100kg)으로 지지하여 전체 힘의 합이 0이 되는 '평형상태'가 되기 때문이다. 오늘날에는 이러한 힘의 균형을 계산할 수 있지만, 과거에는 기하학적 원리의 응용과 시행착오, 그리고 재료에 대한 경험적 이해가 무엇보다 중요하였다.

건축 부재에는 다양한 힘이 작용하지만, 가장 기본이 되는 것은 '압축력compressive force'과 '인장력tensile force'이다. 압축력은 안쪽으로 누르는 힘이고, 인장력은 반대로 밖으로 당기는 힘이다. 석재는 압축력에는 강하지만 인장력에는 매우 약하므로, 인장력이 작용하는 구조에서는 부적합하다. 예를 들어 석재와 유사한 성질의 분필을 손에 들고 가운데를 누르면, 위쪽에는 압축력이, 아래쪽에는 인장력이 작용하여 하부부터 쉽게 부러지는 현상이 발생한다(그림 46좌). 따라서 석재를 수평 부재로 사용하려면 인장력을 줄이기 위해 두께를 늘리거나, 지지하는 기둥의 간격을 줄여 기둥 수를 증가시켜야 한다. 이집트나 그리스의 석조 신전에서, 거대한 수평 부재 아래에 빽빽하게 늘어선 기둥의 숲을 보게 되는 것도 이러한 이유 때문이다.

미완의 완성, 보베 대성당_고딕이 꽃피운 대성당의 시대

그림 45 포스트-린텔 구조의 이집트 신전

아치ᵃʳᶜʰ 구조

아치 구조는 석재의 구조적 약점을 해결하고, 기둥들로 방해받지 않은 넓은 내부 공간을 위해 발전된 것이다. 아치는 고대부터 중요한 건축물에 사용되었으며, 오늘날 유럽 각지의 기념비적 건축물에서 쉽게 찾아볼 수 있기 때문에, 아치의 구조적 특성은 고딕 건축뿐 아니라 서양 건축사 전반을 이해하는 데 필수적이다.

아치의 가장 기본적인 형태는 '반원형 아치ˢᵉᵐⁱᶜⁱʳᶜᵘˡᵃʳ ᵃʳᶜʰ'이며, 직선적인 부재들과 달리 곡선 형태로 수직 하중뿐 아니라 수평 방향의 횡력이 동시에 작용한다. 수직과 수평으로 향하는 두 힘의 합력은 곡선을 따라 사선 방향의 압축력으로 전환된다. 쉽게 설명하면 A4 용지의 양 끝을 손으로 잡아 자연스럽게 휘어지는 곡선을 만든 뒤, 이를 뒤집은 형태가 바로 아치이다. 이렇게 만들어진 구조는 원래의 형태로 돌아가려는 방향으로 밀어내는 힘이 발생하고, 반대 방향으로 동일한 힘을 가할 때 평형상태가 되어 안정된 구조가 된다(그림 46우).

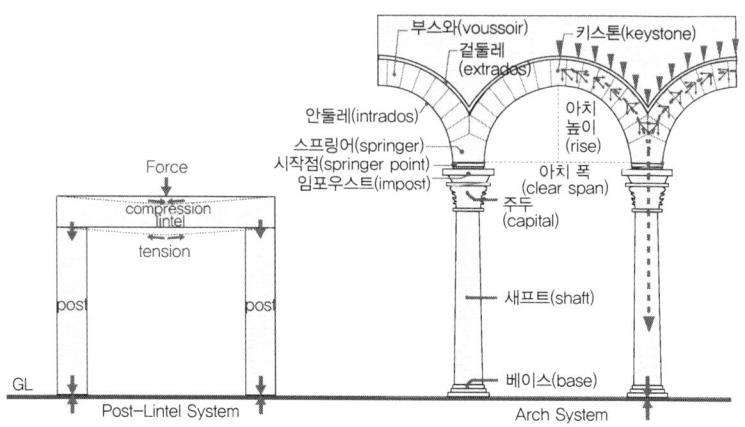

그림 46 (좌) 포스트-린텔구조, (우) 아치 구조

아치 구조의 가장 큰 장점은 인장력이 아닌 압축력만 작용하도록 하여 석재와 같은 재료를 효율적으로 활용할 수 있다는 점이다. 아치 내부의 곡선을 따라 전달되는 압축력은 연속된 아치나 버트리스buttress 같은 구조로 상쇄되므로, 기둥 없이도 넓은 공간을 덮을 수 있다. 따라서 아치를 반복적으로 배열하거나 주변 구조와 유기적으로 연계하면, 석재만으로도 폭넓고 안정적인 내부 공간을 형성하는 것이 가능하다. 고딕 건축은 이러한 아치 구조의 잠재력을 극대화하여, 인장력에 약한 석재라는 한계를 극복하고, 마치 하늘로 치솟는 듯한 수직의 공간을 구현하였다.

고딕의 상징: 포인티드 아치pointed arch

고딕 양식을 연상하면 가장 먼저 떠오르는 것은 아마도 고딕의 수직성과 시각적으로 일치하는 '포인티드 아치'일 것이다. 이슬람 양식에서 주로 사용한 것으로 알려진 포인티드 아치는 구조적 장점과 기능성 덕분에 반

미완의 완성, 보베 대성당_고딕이 꽃피운 대성당의 시대

원형 아치를 대체하며, 거대한 높이와 개방된 공간을 추구하는 고딕 양식을 대표하는 요소로 발전하였다. 따라서 포인티드 아치는 고딕 건축의 상징적인 요소로 '고딕 아치'라고 불리기도 하며, 프랑스 어원의 '오지발 아치ogival arch' 또는 '첨두(尖頭) 아치', '뾰족 아치' 등으로 번역되기도 한다.

중심점이 하나인 반원형 아치와 달리, 포인티드 아치는 좌우 대칭인 두 개의 중심점에서 각각 그려진 반원이 만나 형성된다. 이로 인해 동일한 폭에서도 더 긴 반지름을 갖게 되어, 반원형 아치보다 더 높은 곡선을 만들 수 있다(그림 47). 즉, 중심점이 멀어질수록 아치의 높이는 더 커지며, 이렇게 높게 만들어진 아치는 수평의 힘이 감소하여 버트리스의 크기를 줄여도 상부의 하중을 안정적으로 지지할 수 있다. 이러한 구조적 특성으로 포인티드 아치는 고딕 건축의 수직적인 공간을 구현하는 핵심 요소로 발전하게 되었다.

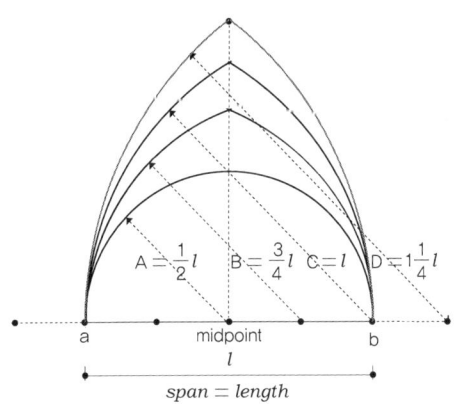

$A = \frac{1}{2}l$ $B = \frac{3}{4}l$ $C = l$ $D = 1\frac{1}{4}l$

a   midpoint   b

l

$span = length$

A : semicircular arch
B : low pointed arch
C : equilateral pointed arch
D : lancet arch

그림 47 포인티드 아치의 종류와 특성

포인티드 아치의 명칭

포인티드 아치는 중심점의 위치와 아치 폭의 분할에 따라 명칭이 달라진다. 예를 들어, 아치 폭을 세 부분으로 나누어 좌우의 중심점에서 원을 그린 것이 3-포인티드 아치이며, 반지름은 아치 폭의 2/3가 된다. 같은 방식으로 4분할 또는 5분할한 경우는 각각 4-포인티드, 5-포인티드 아치라고 부르며, 반지름은 각각 아치 폭의 3/4, 4/5가 된다(그림 48). 또한, 아치 양끝을 중심점으로 폭과 높이가 동일하게 구성된 포인티드 아치는 '등변 아치equilateral arch'이며, 중심점이 아치 폭 바깥에 위치하여 창과 같이 뾰족한 형태를 이루는 아치는 '랜싯 아치lancet arch'라고 부르는데, 주로 창문에 많이 사용하였다(그림 47).

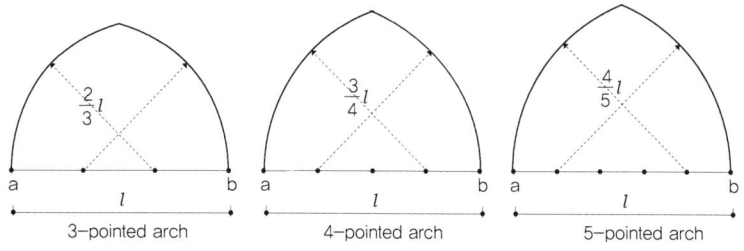

그림 48 르네상스시대의 3, 4, 5-포인티드 아치(분모의 수)

이러한 포인티드 아치의 분류 방식은 르네상스 이후에 정립된 개념이며, 15세기 이전의 고딕 건축가들은 포인티드 아치의 반지름을 아치 폭 중심에서부터 결정하였다. 따라서 13세기 고딕 건물에 사용한 3-포인티드 아치는 아치 폭을 네 부분으로 나눈 뒤, 포인티드 아치의 반지름을 하단 길이의 3/4로 설정하였다. 이처럼 고딕 시대에는 4-포인티드와 5-포인티드 아치의 반지름은 르네상스 방식의 3/4, 4/5가 아니라 4/6와 5/8이며, 포인트의 수가 클수록 높이는 낮아진다(그림 49).

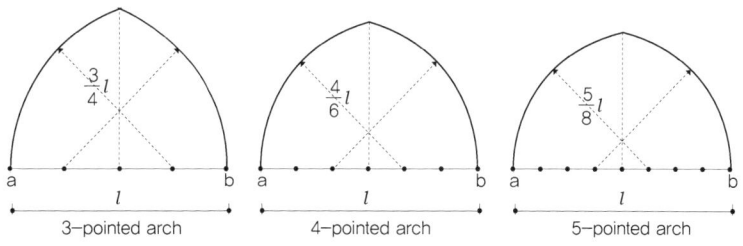

그림 49 고딕시대의 3, 4, 5-포인티드 아치(분자의 수)

이러한 방식이 다소 복잡하게 느껴질 수 있으나, 중세 석공들에게는 매우 실용적인 체계였다. 아치의 중심점과 원하는 폭의 모듈을 설정함으로써, 전체 크기의 정확한 치수를 일일이 계산하지 않고도 아치의 개별 석재인 '부스와voussoir'와 '키스톤keystone'의 각도를 효율적으로 도출할 수 있었기 때문이다. 이는 당시 대규모 고딕 건축의 정밀한 시공을 가능하게 해주는 실용적인 방식이었다.

로마네스크나 르네상스 양식에서 사용된 반원형 아치의 높이는 항상 아치 폭의 1/2인 것과는 달리, 고딕의 포인티드 아치는 중심점의 위치를 조절함으로써 다양한 높이를 만들어낼 수 있었다. 이러한 가변성은 고딕 건축의 핵심 공간구성 요소인 '립 볼트rib vault'를 건축할 때 효율석으로 사용할 수 있다.

립 볼트rib vault

볼트의 발전

2차원의 아치가 3차원의 건축공간을 구성하는 가장 단순한 형태는 터널처럼 아치가 한 방향으로 연속되는 '배럴 볼트barrel vault'이다. A4 용지

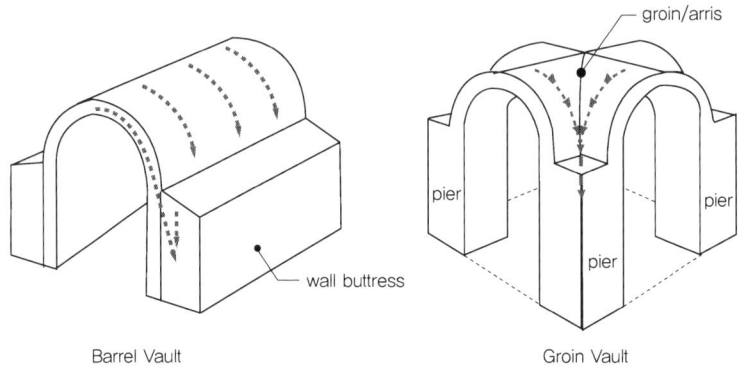

그림 50 배럴 볼트와 그로인 볼트

로 손쉽게 아치구조의 특성을 실험한 것처럼, 측면으로 나가는 횡력을 제어할 수 있다면 석재로도 안정적인 아치 구조물을 만들 수 있다. 이때 측면의 횡력을 상쇄하기 위해서는 '버트리스buttress'라 불리는 두꺼운 벽체를 세워 평형상태를 만들어야 하지만, 이렇게 만들어진 배럴 볼트의 두꺼운 벽체는 채광과 환기를 위한 조그마한 개구부 이상을 만들기가 쉽지 않다. 이를 보완하기 위해 고안된 것이 '그로인 볼트groin vault'이다. 두 개의 배럴 볼트를 직각으로 교차시켜 사면이 개방되는 구조인 그로인 볼트는 '크로스 볼트cross vault'라고도 부르지만, 볼트가 교차하면서 생기는 모서리를 '그로인groin 또는 arris'이라 부르는 데서 비롯되었다(그림 50).

그로인 볼트는 배럴 볼트와는 달리 네 개의 지점만 지지하면 되므로 측면에 개구부를 두어 충분한 채광을 쉽게 확보할 수 있지만, 구조적으로 안정된 형태를 유지하기 위해서는 정사각형 평면에서 같은 크기의 배럴 볼트를 교차시켜야 한다. 하지만 가로 방향의 폭이 넓고 세로 방향의 폭이 좁은 직사각형의 네이브nave에는 그로인 볼트를 설치하기 어려워 배럴 볼트를 사용하고, 가로와 세로의 폭이 동일한 아일aisle에만 그로인 볼트를 사용하여 외부의 채광을 유입하도록 하였다(그림 76).

대각선 방향의 립rib

그로인 볼트의 단점을 보완하기 위하여, 고딕 건축에서는 '립rib'이라는
요소를 더한 '립 볼트rib vault'가 도입되었다. 바베큐 '폭립pork rib'의 갈비뼈
rib와 결합된 볼트는, 단어 자체에서 곡선적인 형태의 우아함보다는 신체
골격을 구성하는 구조적 기능을 먼저 암시한다. 립 볼트는 직사각형 평면
의 네이브에서 세 방향의 립rib인, 가로 방향의 '가로 립transverse rib', 세로
방향의 '벽체 립wall rib/formeret', 그리고 대각선 방향의 '대각선 립diagonal rib'
으로 구성된다(그림 51).

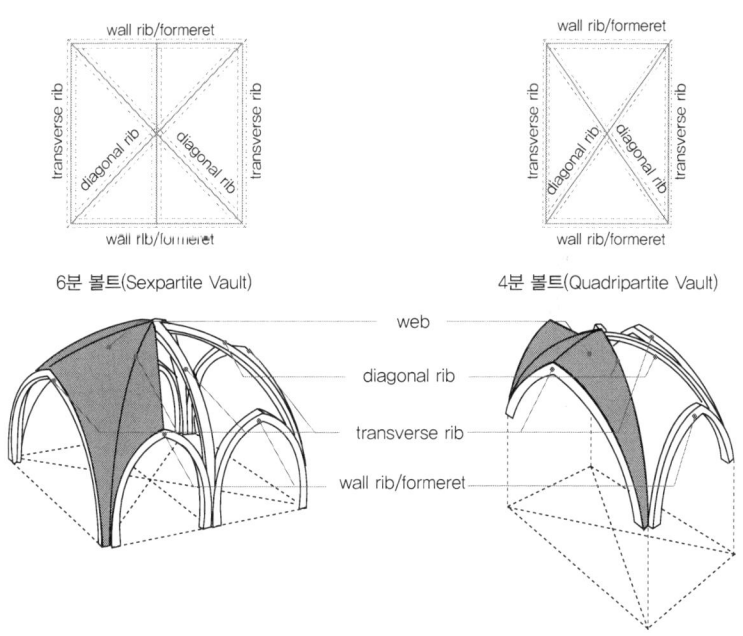

그림 51 립 볼트: 6분 볼트와 4분 볼트

세 방향의 립 중에서 립 볼트를 구분하는 핵심 요소는 '대각선 립'의 유무이다. 로마네스크의 배럴 볼트나 그로인 볼트에서도 베이를 구획하기 위하여 가로 방향과 세로 방향의 아치를 립과 같이 사용하였기 때문에, 대각선 방향으로 립을 설치하는 것은 단순히 시각적인 효과를 넘어 구조와 기능적으로 상당히 중요하다. 정사각형의 평면에서 형성되는 그로인 볼트의 교차부는 동일한 면이 교차하여 시공이 비교적 용이하지만, 직사각형에서는 교차하는 부분의 면적이 다르므로 휘어진 포물선 곡선의 교차부를 우아한 선으로 만들기 힘들며 구조적으로도 다소 불안정하다. 이러한 문제를 해결하기 위하여 사용된 것이 립 볼트이다.

립 볼트는 먼저 대각선 아치로 립을 세우고, 그 위에 볼트의 막web을 얹음으로써 하중을 효과적으로 분산시킬 수 있다. 또한, 볼트의 교차부에 립을 설치하여 장식적인 선형의 아름다움과 더불어 로마네스크의 육중한 그로인 볼트에 비하여 무게를 상당히 감소할 수 있었다. 특히 직사각형 베이에서는 가로와 세로의 길이가 달라 단순한 반원형 아치만으로는 립의 정점이 달라져, 비정형적인 볼트 형태가 되기 때문에 포인티드 아치 pointed arch를 활용하면, 각기 다른 아치 폭에서도 동일한 정점에서 만나는 아치를 설계할 수 있어 조형적 통일성과 구조적 안정성을 동시에 확보할 수 있다.

구조인가 장식인가?

고딕 대성당의 립 볼트가 구조적인 요소인지 장식적인 요소인지에 대한 논쟁은 최근까지 지속되어 왔다. 논쟁이 종식되지 않은 이유는 볼트와 같은 셸구조shell structure의 복잡한 특성이기도 하지만, 1·2차 세계대전으로 파괴된 교회들 중 내부 볼트는 무너졌지만 대각선 립만 남은 경우와

립은 분리되어 떨어졌으나 볼트의 막들은 여전히 건물의 내부를 덮고 있는 경우를 예로 들면서 서로 달리 주장하고 있다.

이러한 논쟁에도 불구하고 볼트의 립은 고딕 건축의 수직성과 부합하는 경량화와 시공의 용이성을 동시에 만족시켰다. 또한 그로인 볼트의 교차부가 단지 선으로 인식되는 것과 달리, 립 볼트의 '립rib'은 독립적인 선형 요소의 장식성을 강조하였다. 이와 같은 시각적 강조는 영국에서 '팬 볼트fan vault'라는 장식적 형태가 발전하게 된 배경이기도 하다(그림 52).

장식적인 아름다움과 구조적인 기능성을 가진 립 볼트 역시 그로인 볼트와 같이, 아치들이 시작하는 네 지점으로 확산하는 하중을 적절하게 지지하여 평형상태를 유지하여야 한다. 로마네스크의 그로인 볼트는 낮은 높이의 아일aisle에 있어 '벽 버트리스wall buttress'로 충분히 횡력을 견딜 수

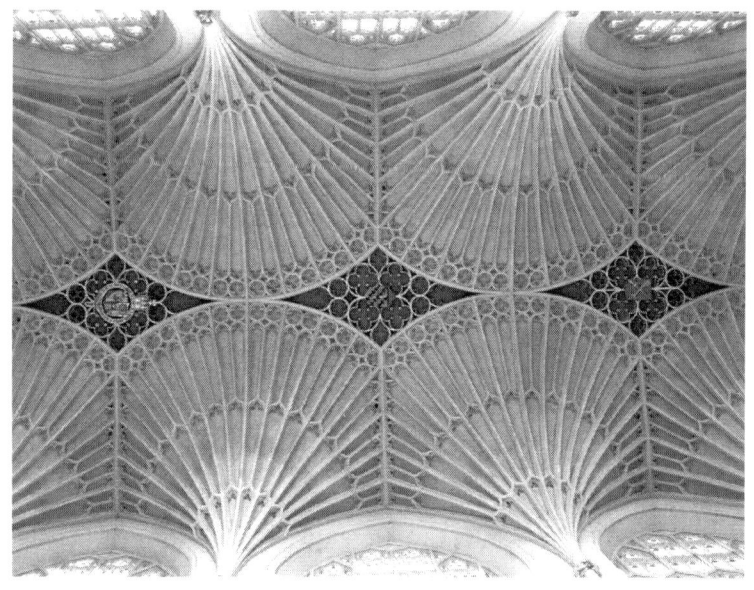

그림 52 팬 볼트 장식(배스 수도원Bath Abbey, 영국)

있었지만, 네이브의 높은 천장을 덮는 립 볼트를 위해서는 구조적인 해결책이 필요하였다. 이때 등장한 것이 고딕 구조의 상징이자 하늘을 나는 듯한 '플라잉 버트리스flying buttress'이다.

플라잉 버트리스flying buttress

파리 도심을 거닐다 보면, 19세기 오스만Henri Haussmann에 의해 정비된 망사드 지붕Mansard roof의 건물들과 중세의 건축물이 조화를 이루는 '예술과 낭만의 도시' 한복판에서, 전혀 다른 분위기의 이질적인 건물 하나와 마주하게 된다. 오늘날에는 익숙한 풍경이 되었지만, 당시에는 에펠탑 못지않게 혁신적인 건축으로 받아들여졌던 이 건물은, 정면의 고딕 양식 교회와 강렬한 시각적 대조를 이루고 있다.

내부에 감춰져야 할 기계 설비들을 외부로 과감히 드러낸 파격적인 구조는 당시 건축계에 큰 충격을 안겼으며, 더욱이 프랑스 국립건축물 가운

그림 53 퐁피두 센터The Pompidou Centre(Paris, 1977)

미완의 완성, 보베 대성당_고딕이 꽃피운 대성당의 시대

데 최초로 외국 건축가인 영국의 리처드 로저스Richard Rogers와 이탈리아의 렌조 피아노Renzo Piano가 공동 설계하여 당선된 건물인 '퐁피두 센터 Centre Pompidou'(1971)이다.

퐁피두 광장을 사이에 두고 석재의 고딕 교회와 금속 재료의 퐁피두 센터는 수백 년의 시차만큼이나 극명한 양식적 대비를 보이지만, 이 둘은 의외로 고딕 건축의 핵심 정신을 공유하는 듯 보인다. 르네상스 건축을 포함한 대부분의 전통 건물들이 구조적 요소나 미관을 해칠 수 있는 기능적 장치를 감추거나 장식으로 은폐하는 데 주력하였다면, 고딕 건축은 수직성과 공간의 광대함을 실현하기 위해 오히려 그러한 구조를 과감히 외부로 드러냈다. 그 대표적인 예가 바로 지붕과 볼트로부터 전달되는 횡력을 지지하기 위해 외부에 높이 세운 아치 형태의 구조물, '플라잉 버트리스'이다.

구조의 미학과 비판

구조적 순수성을 외부로 노출함으로써 고딕의 정신을 구현한 플라잉 버트리스는, 동시에 고딕 건축이 음침하고 괴기스럽다는 오해를 받게 만든 대표적 요소이다. 런던의 상징인 '세인트 폴 대성당St. Paul's Cathedral'을 설계한 크리스토퍼 렌Christopher Wren(1632~1723)은 다음과 같이 플라잉 버트리스를 비판하였다.

"로마인들은 언제나 건물의 버트리스를 감추었지만, 노르만인들은 그 것을 장식으로 여겼습니다. 제가 보기엔 플라잉 버트리스야말로 대성당 붕괴의 주요 원인입니다. 기후에 지나치게 노출되어 부식되고 무너지게 되며, 결국 볼트까지 붕괴하게 만들지요."

이러한 비판에도 불구하고 플라잉 버트리스는 순수한 석재만으로 고딕 건축의 장대한 규모를 가능하게 한 혁신적인 구조체이다. 파리의 노트르담 대성당을 비롯한 수많은 기념비적 고딕 건축을 복원한 비올레 르 뒤크*Viollet-le-Duc*는 고딕 건축을 구조적으로 분석하며 다음과 같이 말하였다.

> "수많은 인원을 수용하기 위해 지어진 이 거대한 구조물에는 단 하나의 불필요한 돌도 찾지 못할 것입니다."

고딕 건축이 기능적 합리성과 구조적 효율성에 입각하여 설계되었음을 강조하며, 플라잉 버트리스가 이러한 정신을 구현한 핵심이라 보았다. 로마네스크 양식에 비해 구조적으로 경량화된 고딕 건축은 사실 단순히 기술 진보의 결과가 아니라 경제적인 문제를 해결하기 위하여 발전한 측면이 크다.

대성당의 시대라 불리는 이 시기, 각 도시가 자신들의 신앙과 권위를 상징할 랜드마크를 건립하기 위해서는 상상을 초월하는 양의 석재(미완성의 보베 대성당은 약 13만 톤의 석재가 사용된 것으로 추정됨)와 막대한 자금이 필요하였다. 일부 도시는 안정적인 재정 기반이나 성유물로 인한 순례자들의 유입 덕분에 건설 자금을 비교적 쉽게 확보할 수 있었지만, 대부분의 고딕 대성당은 수십 년, 길게는 수백 년에 걸쳐 점진적으로 완공되었다.

쾰른 대성당*Cologne Cathedral*은 무려 600년에 걸쳐 지어졌으며, 최고 높이를 꿈꾼 보베 대성당*Beauvais Cathedral*과 나르본 대성당*Narbonne Cathedral*은 끝내 완공되지 못한 채 미완의 상태로 남아 있다. 건축 기술이 비약적으로 발전한 오늘날에도, 가우디*Antoni Gaudí*의 사그라다 파밀리아*Sagrada Família* 교회가 100년 이상 건설 중이라는 사실은 건설 자금의 중요성을 보

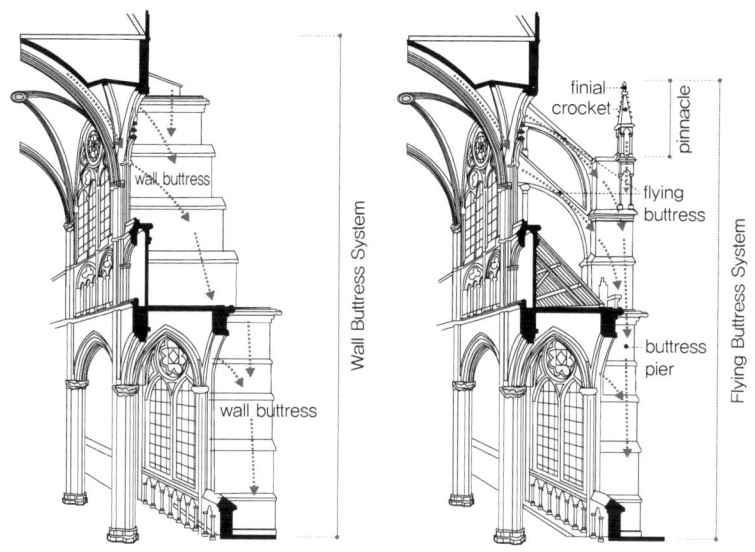

그림 54 벽체 버트리스wall buttress와 플라잉 버트리스

여주고 있다.

비올레 르 뒤크의 말처럼 고딕 대성당을 완공하기 위하여서는 어느 돌 하나라도 낭비되는 것 없는 경제적인 건축을 하여야 한다. 만약 플라잉 버트리스를 적용하지 않고 대성당을 짓는다면, 거대한 높이를 지탱하기 위해 엄청난 양의 석재로 벽을 두껍게 쌓아야 했을 것이고, 이는 곧 막대한 경제적 부담으로 이어졌을 것이다. 따라서 플라잉 버트리스는 구조의 효율성과 개방된 공간미를 동시에 충족시키며, 고딕 건축의 본질을 구현한 것이다(그림 54).

벽체의 경량화와 플라이어의 발전

초기 고딕 건축은 립 볼트로부터 전달되는 하중을 내부의 아치와 육중한 벽 버트리스wall buttress로 충분히 지탱하였지만, 수직으로 고층화되는

그림 55 노트르담 대성당 슈베 상부에 설치된 15m 길이의 플라잉 버트리스(14c)

파리의 노트르담 대성당에서는 플라잉 버트리스를 처음으로 사용하였다. 이 구조는 벽체의 경량화를 가능하게 했고, 벽 전체에 채광창을 낼 수 있게 되어 진정한 의미의 클리어스토리clerestory를 구현할 수 있었다.

플라잉 버트리스는 고층화된 건물을 안정화하기 위하여 지붕에 가해지는 풍압과 볼트에서 비롯된 압축력을 효과적으로 상쇄하였으며, 건물의 규모와 용도에 따라 다양한 형태로 발전하였다. 예를 들어, 작은 건물의 경우 '플라이어flyer' 길이가 2m 정도이지만, 노트르담 대성당의 네이브에서는 그 길이가 무려 11m에 달한다(그림 55). 또한 초기의 플라잉 버트리스는 플라이어가 설치되는 위치와 벽과 접하는 부분의 두께가 0.74m에서 2.68m에 이르는 등 다양하였으나, 불확실한 구조적 변수들을 해결하기 위해 볼트와 플라잉 버트리스가 유기적으로 연결되도록 새로운 장치를 고안하였다. 이것이 '타-드-샤르주tas-de-charge'이다.

미완의 완성, 보베 대성당_고딕이 꽃피운 대성당의 시대

타-드-샤르주: 구조 통합의 정점

고딕 립 볼트의 '타-드-샤르주*tas-de-charge*'는 복잡한 볼트 구조에서 발생하는 하중 분산 문제를 효과적으로 해결하는 방식이다. 배럴 볼트나 그로인 볼트에서 아치의 시작점은 비교적 간단히 구성되지만, 직사각형 평면 위에 교차하는 립 볼트에서는 '대각선 립', '가로 립', '벽체 립*formeret*' 등이 모두 한 지점에 집중되기 때문에 구조가 복잡해진다.

이처럼 복잡한 교차점을 각각의 석재로 분리하지 않고, 세 방향의 립이 시작되는 지점을 하나의 석재로 조각하고 상부를 수평으로 마감하여, 윗 구조물과 안정적으로 연결할 수 있게 한 것이 바로 '타-드-샤르주'이다. 이 구조는 립 볼트의 시공을 단순화하고 구조적 일체성을 높여, 고딕 건축에서 볼트의 효율적 구축을 가능하게 한 핵심 기술 중 하나이다(그림 56).

고딕건축이 '하이 고딕'으로 발전하면서 건물은 점점 고층화되었고, 볼트에서 발생하는 횡력뿐 아니라 지붕 상부에 작용하는 강한 풍압까지 견뎌야 하는 상황에 직면하게 되었다. 이에 따라 플라잉 버트리스에 두 개 이상의 '플라이어'를 설치하여, 상부 플라이어는 풍압을, 하부는 볼트의

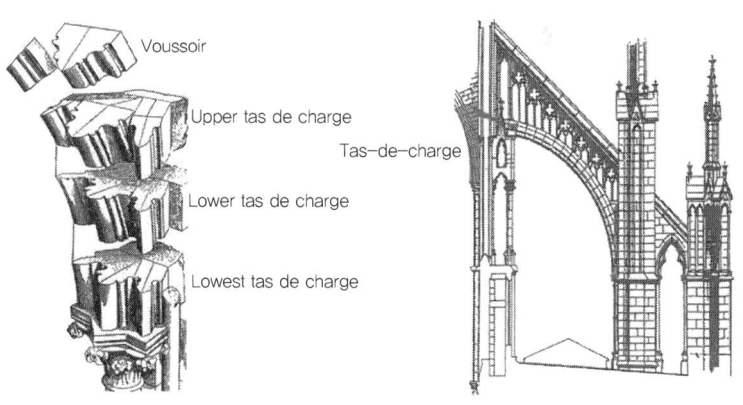

그림 56 타-드-샤르주의 구성과 아미앵 대성당(Viollet le Duc)

횡력을 지지하도록 기능을 분담시켰다. 이때 하부 플라이어는 아치의 시작점과 정점 사이의 하단에 위치하는 것이 가장 이상적이며, 정확히 타–드–샤르주의 상부와 연결되도록 설계하는 것이 중요하다.

실제로 랭스 대성당을 비롯한 다수의 하이 고딕 대성당에서는 하단 플라이어의 머리 부분이 타–드–샤르주의 상부와 정확히 연결되어 있다. 그러나 중세 고딕 건축에 관한 유일한 시각적 기록인『빌라르 드 오네쿠르 Villard de Honnecourt의 스케치북』에 수록된 랭스 대성당의 단면 도판을 보면, 하단 플라이어가 볼트를 지지하는 기둥의 주두 아래에 위치해 있어 실제 구조와 일치하지 않는다(그림 57). 이러한 부정확성은 빌라르 드 오네쿠르를 실질적인 건축가로 보기 어려운 이유 중 하나로, 최소한 건축가이면 고딕 건축의 핵심 구조를 이해하고 정확하게 표현할 수 있어야 하기 때문이다.

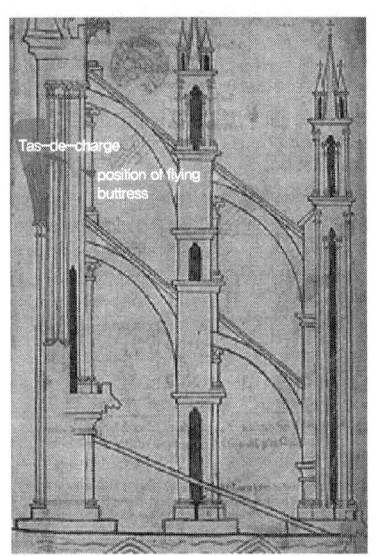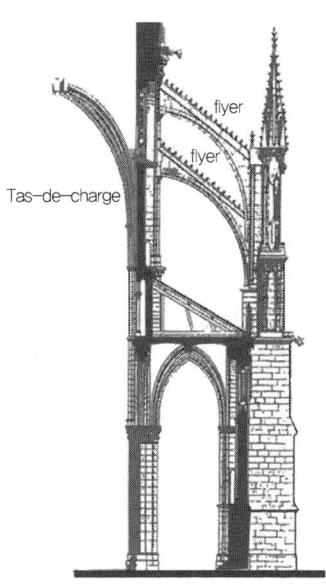

그림 57 빌라르 드 오네쿠르의 랭스 대성당의 단면 도판과 비올레 르 뒤크의 실측도

미완의 완성, 보베 대성당_고딕이 꽃피운 대성당의 시대

진화하는 생물의 골격처럼 고딕 건축은 육중한 로마네스크 양식에서 벗어나 구조적 합리성과 효율을 바탕으로 혁신적인 변화를 이끌어 내었다. 이는 건물 내부에서 발생하는 하중과 다양한 힘들 사이의 평형상태를 이루기 위해 '포인티드 아치', '립 볼트', 그리고 '플라잉 버트리스'와 같은 새로운 구조 기술을 도입하고 끊임없는 시행착오를 거쳤기 때문에 가능한 일이었다.

이처럼 고딕을 대표하는 구조적 요소를 통하여 다른 양식과 쉽게 구별할 수 있으며, 복잡한 건물 내 · 외부에서 이러한 요소들이 어떻게 상호작용하고 있는지를 발견하고 감상할 수 있다. 하지만 고딕 대성당에서 제일 먼저 마주하게 되는 파사드façade가 어떠한 구성 원리를 따르고 있는지,

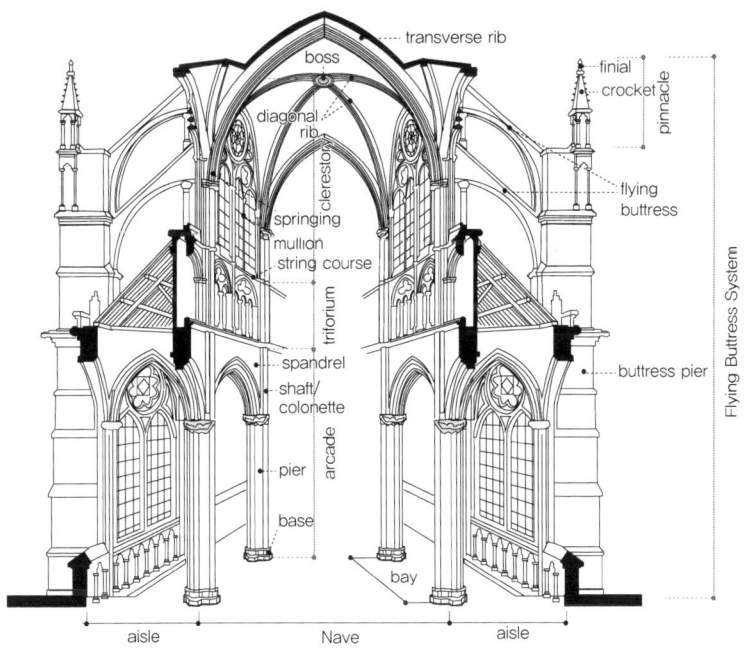

그림 58 고딕 대성당 내 · 외부 구조체 명칭

구조적 요소들이 어떻게 내부 공간과 조화를 이루며 진화하여 수직의 거대한 건축을 가능하게 했는지를 살펴보지 않고는 고딕 건축의 진정한 본질을 이해하였다고 할 수 없다.

노트르담 대성당

보베 대성당의 콰이어

랑 대성당 네이브 전면의 두 번째와 네 번째 피어는 기존의 패턴에서 벗어나,
볼트 립을 지지하는 가는 기둥이 바닥까지 내려오는 독특한 구성을 보여준다.

수아송 대성당의 기둥은 립 볼트를 구성하는 다발기둥 중 '가로 립'을 받치는 가는 기둥이
피어 주두 위에서 끝나지 않고 바닥까지 자연스럽게 연속된다.

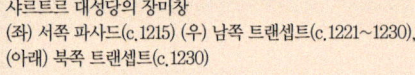

샤르트르 대성당의 장미창
(좌) 서쪽 파사드(c.1215) (우) 남쪽 트랜셉트(c.1221~1230),
(아래) 북쪽 트랜셉트(c.1230)

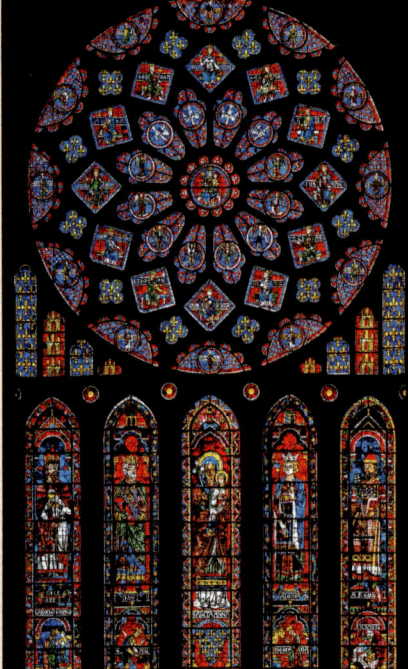

노트르담 대성당 북측 트랜셉트의 레요낭 양식 장미창

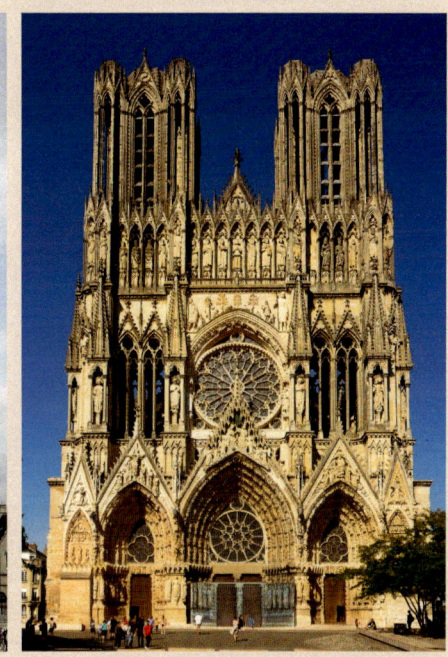

르 코르뷔지에는 파리의 노트르담 대성당(좌)과 랭스 대성당(우)의 파사드를
"중세 정신의 순수한 창조물"이라고 찬미한 바 있다.

샤르트르 대성당의 서쪽 파사드

보베 대성당 남측 콰이어의 재건축된 클리어스토리 창문과 슈베의 기존 창문. 남측 콰이어의 클리어스토리 창문은 동측의 붕괴되지 않은 창호보다 높이가 낮으며, 분리된 창호의 트레이서리 패턴도 좌우가 동일하지 않다.

아미앵 대성당의 상승하는 복합피어 구성

플랑부아양 양식의 절정을 보여주는 보베 대성당의 남측 트랜셉트와 붕괴 후 재건된 콰이어

영국 글루체스터 대성당의 회랑을 장식하는 팬 볼트. 환상적인 장식미를 자랑한다.

샤르트르 대성당의 남쪽 트랜셉트 포털

생트 샤펠의 상부 예배당

제 6 장

고딕 대성당의 파사드

제 6 장

고딕 대성당의 파사드

유럽의 도시에서 고딕 대성당이 목적지라면 주 출입구가 위치한 서쪽 광장을 향해 자연스럽게 접근하게 된다. 이렇게 마주한 대성당의 외관은 절제된 인상을 주는 로마네스크 양식과 달리, 동쪽 끝east end의 확장과 측면부의 플라잉 버트리스flying buttress 그리고 서쪽의 높은 첨탑 등 다양한 구조적 요소들로 인해 다소 복잡하게 느껴질 수 있다. 그러나 해질 무렵 붉은 노을에 물든 서쪽 파사드façade의 장엄한 아름다움은 측면과 후면의 혼란스러움을 상쇄시키기에 충분하다. 이는 아마도 클로드 모네Claude Monet가 루앙Rouen에 1년 넘게 머물며 빛에 따라 변화하는 루앙 대성당의 파사드를 30여 점(루앙 대성당 연작Rouen Cathedral series, 1892~1893)이나 그린 이유일 것이다(그림 59).

20세기 최고의 건축가로 평가받는 르 코르뷔지에Le Corbusier는 파리의 노트르담 대성당과 랭스 대성당의 파사드를 "중세 정신의 순수한 창조물"이라고 찬미한 바 있다(그림 60). 이 두 건물은 좌우 대칭의 완벽한 구성으로 고딕 건축 파사드가 지향한 이상적 형태를 구현하고 있다. 그러나 샤르트르 대성당Chartres Cathedral과 같이 대부분의 고딕 대성당 외관은 오랜

미완의 완성, 보베 대성당_고딕이 꽃피운 대성당의 시대

그림 59 클로드 모네의 루앙 대성당 연작 중 일부

건축 기간과 많은 건축가의 손을 거치며 다양한 시대의 특징을 반영하고
있다(그림 63). 따라서 고딕 파사드의 전형으로 간주되는 노트르담이나 랭
스 대성당의 파사드를 이해하는 것이 우선이지만, 샤르트르 대성당과 같
이 시간의 변화를 지닌 건물들을 살펴보면 고딕 외관의 복합성과 양식적

그림 60 노트르담 대성당(좌), 랭스 대성당(우) 서쪽 파사드

변이를 이해하는 데 훨씬 효과적일 수 있다.

　다양한 시기의 양식이 공존하는 고딕 대성당의 외관을 감상하기 위해서는 회화 작품과 유사한 방식으로 접근할 수 있다. 회화 감상법은 장르에 따라 다르지만, 전체적인 구도와 색감을 파악한 뒤, 가까이 다가가 세부 요소를 분석하는 방식이 일반적이다. 수직적이고 입체적인 구조를 지닌 고딕 대성당도 우선 멀리서 전체적인 윤곽과 비례, 그리고 주변 환경과의 조화를 살핀 뒤, 가까이 다가가 재료, 조각, 창호 등의 디테일을 관찰하는 단계적 접근이 바람직하다. 물론 회화든 건물이든 감상에는 정해진 규칙이 있는 것은 아니다. 회화 작품이 평면 위에 존재한다면, 3차원으로 구성된 건축물을 다양한 각도에서 조망하기 위해서는 각 면을 단순화하여 정면, 측면 그리고 후면 모두를 살펴보아야 하지만, 그 출발점은 언제나 '얼굴'에 해당하는 파사드_façade_이다.

파사드_façade_

　건축물의 가장 중요한 전면부를 지칭하는 프랑스어 '파사드'는 원래 라틴어 '얼굴_facies_'에서 유래한 건축용어로 일반화되었다. 고딕 대성당을 포함한 건물 대부분의 파사드는 주 출입구가 위치한 면이자, 방문자와의 첫 만남이 이루어지는 공간이다.

　동서 방향으로 배치된 교회 건축의 특성상 건물의 파사드는 주 출입구가 있는 서쪽면이며, 샤르트르 대성당을 방문할 때도 우리는 자연스럽게 서쪽 파사드를 향해 다가가게 된다. 건물 전체를 조망하고 눈높이에 있는 출입구를 바라본 뒤, 시선을 위로 들어 상부 구조를 살펴보거나, 혹은 그

반대로, 하늘 높이 솟은 첨탑에서부터 시선을 아래로 내리기도 한다. 고딕 대성당 파사드의 구성과 특징을 이해하기 위해, 먼저 하늘을 찌를 듯 우뚝 솟은 두 개의 첨탑으로 시선을 올려보자.

조화로운 파사드

포인티드 아치, 립 볼트, 플라잉 버트리스와 더불어 서쪽 출입구에 있는 두 개의 종탑은 고딕 건축을 구성하는 중요한 요소 중 하나이다. 흔히 '쌍둥이 탑 파사드' 또는 더 세련된 표현으로 '조화로운 파사드harmonic façade'라 불리는 이 구조는 고딕 양식을 대표하는 상징처럼 여겨지지만, 고딕 양식의 보편적 요소로 자리 잡지는 못하였다. 그 이유는 서쪽 종탑이 고딕 고유의 것이 아니라 로마네스크 시대부터 발전하였으며, 모든 고딕 건축물이 이러한 쌍탑 구조로 되어 있지 않기 때문이다.

피사의 사탑과 같이 단일의 '종탑campanile'이 독립적으로 세워져 있는 이탈리아의 경우 건물과 일체화된 쌍둥이 탑을 거의 볼 수 없다. 심지어 프랑스 건축가들이 참여하여 고딕의 레요낭Rayonnant 양식을 적용한 밀라노 대성당Milan Cathedral(1386~1965)조차도 지역 전통을 반영하여, 중앙부가 높고 측면이 낮은 외관을 유지했으며, 종탑은 따로 짓지 않고, 인접한 교회(산고타르도 교회Chiesa di San Gottardo in Corte)의 팔각형 종탑을 공유하고 있다(그림 61).

이탈리아 교회의 파사드는 내부 공간 구조를 그대로 반영하는 방식을 선호하였으며, 이러한 경향은 장식이 강조된 바로크와 로코코 시대에도 지속되었다. 그 결과 서쪽 파사드에서는 네이브와 아일 사이의 높이 차이를 부드럽게 연결하는 곡선 장식volute을 사용하는 것이 전부였다. 이에 반해 북유럽에서는 로마네스크 시대부터 서쪽 입면을 내부 구조와는 분리

그림 61 프랑스 건축가에 의해 완성된 밀라노 대성당

된 독립적인 형태의 파사드로 구성하였다. 특히 종탑을 중앙의 높은 네이브nave가 아니라 양쪽 아일aisle 위에 배치하여 내부 공간과 분리된 상징적인 외관을 만들어내었다. 이러한 구성은 로마네스크 양식의 특징 중 하나인 '웨스트워크westwork'라 부르며, 고딕 건축에서 더욱 더 발전하였다.

서쪽을 향한 얼굴, 고딕 파사드

초기의 쌍탑 파사드는 독일 코르베이 수도원Abbey of Corvey(c.822~885)에서 관찰되지만, 고딕 파사드의 형성에 결정적인 영향을 미친 것은 프랑스 캉Caen의 생테티엔Abbey of Saint-Étienne과 생트 트리니테Abbey of Sainte-Trinité 수도원이다(그림 62). 생테티엔 종탑 상부의 뾰족탑spire은 13세기에 추가되었으며, 좌우 대칭을 이루는 쌍탑은 본래의 건물 구조와는 독립적으로 세워졌다. 육중한 벽 버트리스로 수직 방향을 세 부분으로 나누고, 출입구와 창을 통해 수평으로도 삼등분하는 구성은 고딕 양식의 기원으

미완의 완성, 보베 대성당_고딕이 꽃피운 대성당의 시대

그림 62 (좌) 생테티엔 남성수도원Abbaye aux Hommes, Caen, (우) 생트 트리니테 여성수도원 Abbaye aux Dames, Caen

로 간주되는 생 드니 바실리카의 파사드에 결정적인 영향을 미쳤으며, 궁극적으로 파리 노트르담 대성당의 '조화로운 파사드harmonic façade'가 완성되는 토대를 마련하였다.

고딕 파사드의 전형인 노트르담 대성당과는 달리, 샤르트르 대성당의 서쪽 입면은 좌우가 비대칭적이고 다양한 양식이 혼재되어 있어 동일한 양식으로 보이지 않을 수도 있다. 하지만 샤르트르 대성당이 더 '고딕적'이라는 인상을 남긴다. 이는 대부분의 고딕 대성당이 단기간에, 단일 건축가의 계획에 따라 완성된 것이 아니라, 수 세기에 걸친 건축 과정에서 시대의 기술과 양식에 따른 결과이기 때문이다(그림 63).

샤르트르 대성당의 남쪽 탑 하단은 북쪽보다 시기적으로 더 늦게 지어졌지만, 상부는 북쪽 탑이 더 높게 건설되었다. 사실 북쪽 탑은 원래 남쪽과 유사한 형태였으나, 1506년 낙뢰로 파괴된 후 기존의 형태를 무시하고

그림 63 샤르트르 대성당의 서쪽 파사드

그림 64 생 드니 바실리카 파사드. (좌) 북쪽 종탑 붕괴 전(1840년대), (우) 현재 모습

미완의 완성, 보베 대성당_고딕이 꽃피운 대성당의 시대

당시 유행하던 고딕 후기 플랑부아양 양식*Flamboyant*을 적용하여 재건하면서 더 높게 솟아올랐다. 이처럼 양쪽 탑의 양식과 형태가 다른 것은 고딕 대성당에서 드문 일이 아니다. 긴 건축 기간과 낙뢰나 붕괴 등으로 탑이 파괴되고, 재건 시 기존의 양식이 무시되거나 다른 양식이 채택되었기 때문이다. 특히, 생 드니 바실리카의 경우, 북쪽 종탑이 붕괴된 이후 오늘날까지도 복원되지 않아 외로운 단일의 탑으로 남아 있다(그림 64).

빛으로 피어나는 장미창

토끼의 귀처럼 좌우로 솟아오른 종탑을 감상한 후 시선을 아래로 내리면, 가장 먼저 눈에 들어오는 것은 파사드 중앙에 자리한 거대한 원형 창이다. '장미창*rose window*'이라 불리는 이 창은 고딕 건축을 대표하는 상징적 요소 중 하나로, 로마네스크와 고딕을 구분하는 핵심 지표로 작용한다. 캉의 생테티엔 수도원과 샤르트르 대성당의 파사드를 비교하면 그 차이를 명확히 확인할 수 있다(그림 62, 63).

장미창을 통해 어두운 대성당 내부를 화려하게 물들이는 빛의 아름다움은 실로 환상적이지만, 무엇보다 이곳이 성모 마리아에게 봉헌된 성전이라는 것을 상징하고 있다. 백합과 함께 장미는 성모 마리아를 나타내는 대표적인 기호*icon*로 사용하였으며, '영적 정원의 장미*Rosa Mystica*'로 칭송하였다. 또한 라틴어 '장미 화환*Rosarium*'에서 유래한 '묵주*Rosary*'는 성모에게 드리는 기도를 영적인 장미를 바치는 행위로 생각하였다.

장미창의 구조는 중심에서 바깥으로 방사형으로 퍼지는 질서를 통해 신학적 상징성을 시각적으로 구현하고 있다. 샤르트르 대성당의 12분할과 노트르담 대성당의 24분할 '트레이서리tracery'는 단순한 기하학을 넘어 신을 중심에 둔 중세 기독교의 우주론을 반영하고 있다. 초기 고딕 양식의 장미창은 비교적 단순한 꽃잎 형태의 원형 트레이서리가 주로 사용되었지만, 13세기 중반 이후에는 정교하고 가벼운 트레이서리가 도입되어 '방사형 확산'을 특징으로 하는 '레요낭Rayonnant 양식'이 발전하였다. 이후 후기 고딕 시대에는 불꽃처럼 타오르는 '플랑부아양Flamboyant 양식'이 등장하여, 원형창 트레이서리는 물론 파사드 전체를 섬세하고 화려한 조각 장식으로 수놓았다.

샤르트르 대성당과 3개의 장미창

샤르트르 대성당에는 서로 다른 시기에 제작된 세 개의 장미창을 볼 수 있다. 이 가운데 가장 먼저 완성되었고 규모 또한 가장 큰 서쪽 파사드의 장미창(c.1215)은 벽면을 파내어 조각한 듯한 초기 고딕의 '벽 트레이서리 wall/plate tracery' 기법이 적용되었다. 중앙의 원형 창에는 '최후의 심판'이라는 전통적인 주제를 담고 있으며, 그 주변으로는 바큇살처럼 확산하는 구조 속에 12개의 축소된 장미창이 배열되어 있다. 내부에서는 장미창이 스

그림 65 샤르트르 대성당의 서측 장미창 외부와 내부(c.1215)

미완의 완성, 보베 대성당_고딕이 꽃피운 대성당의 시대

테인드글라스를 통과한 빛과 어우러져, 가장자리로 갈수록 조그마한 점들로 흩어지며 마치 밤하늘의 불꽃처럼 퍼져 나가는 환상적인 시각 경험을 제공한다(그림 65).

이후 남측 트랜셉트에 설치된 장미창은 불과 10년 내외의 시차를 두고 건축되었음에도 훨씬 세련된 '바 트레이서리bar tracery'를 채택하여 유리 면적을 넓히고, 보다 섬세한 스테인드글라스 표현이 가능하게 하였다. 중앙의 큰 원을 기준으로 12개의 반원형 장식이 외곽을 감싸며 팽창하는 듯한 형상은, 각 요소의 유사성과 반복적 배열로 인해 확산보다는 제한된 구조 안에 갇힌 듯한 인상을 주기도 한다(그림 66중앙).

가장 늦게 완성된 북측 장미창은 중앙의 성모 마리아와 아기 예수를 중심으로 더욱 강력한 방사형 확산 구조를 형성한다. 이 창은 스테인드글라스의 화려함보다는 트레이서리의 구조적 리듬과 경계를 강조하며, 각 패널의 독립성과 질서를 시각화하고 있다. 특히 꽃잎처럼 퍼지는 12개의 마름모꼴 창과 그 바깥을 둘러싼 또 다른 사각형 창으로 구성된 이중 구조는 중심에서 외곽으로 확산되는 성스러운 질서를 시각적 은유로 작용하

그림 66 (좌) 서측 파사드 장미창(c.1215), (중) 남측 트랜셉트 장미창(c.1221~1230), (우) 북측 트랜셉트 장미창(c.1230)

도록 하였다(그림 66 우).

건설한 시기에 따라 양식적인 차이는 있지만 샤르트르 대성당의 장미 창들은 모두 12개의 방사형 구조를 공유하고 있다는 점에서 상징적으로 중요한 의미를 지닌다. '12'는 메소포타미아와 이집트 문명에서 사용된 60 진법의 핵심 단위일 뿐 아니라, 이스라엘의 12지파, 예수의 12제자를 통해 성경 속에서 신적 질서와 구원의 숫자로 자리 잡은 수이다. 이러한 수적 질서 안에서 장미창은 우주의 조화와 하나님의 섭리를 상징하는 신학적 기호로 기능하고 있다.

장미창과 고딕의 다양성

장미창 역시 쌍탑과 마찬가지로 모든 고딕 건축의 파사드에 적용된 보편적 요소는 아니다. 예를 들어, 노르만 양식의 영향을 받은 영국 고딕에서는 장미창보다 뾰족아치나 수직적 요소를 더 선호하였으며, 더럼 대성당Durham Cathedral처럼 장미창이 서쪽 파사드가 아닌 동쪽 정면에 위치하기도 한다(그림 67).

그림 67 동쪽 정면에 위치한 더럼 대성당의 장미창

미완의 완성, 보베 대성당_고딕이 꽃피운 대성당의 시대

반면에 링컨 대성당Lincoln Cathedral은 장미창을 적극적으로 도입하여, 서쪽 파사드에는 비교적 작고 단순한 장미창을 배치하였으나, 북쪽 트랜셉트 상부에는 '대성당장의 눈Dean's Eye'이라 불리는 초기 고딕 장미창이, 남쪽에는 더 화려한 후기 고딕 양식의 '주교의 눈Bishop's Eye'이 설치되어 있다. '대성당장의 눈'은 세속적 혼돈과 악을 상징하는 북쪽을 향해 어둠을 경계하는 시선을 표현하며, '주교의 눈'은 신의 빛과 질서를 상징하는 방향성을 지닌다(그림 68).

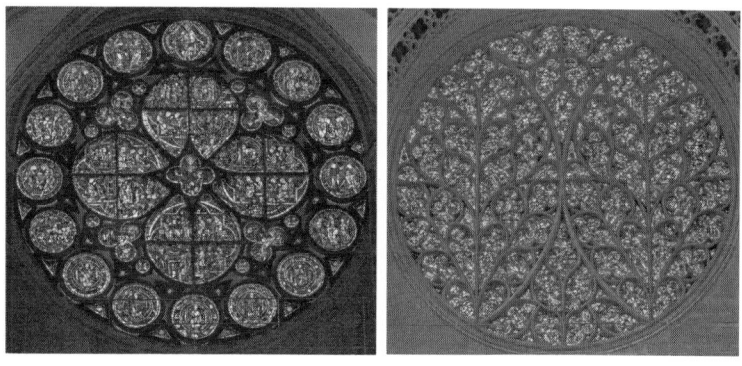

그림 68 어둠을 경계하는 '대성당장의 눈'(좌)과 신의 빛과 질서의 '주교의 눈'(우)

이탈리아의 경우 영국과는 달리 쌍탑은 없지만 장미창은 적극적으로 도입하였다. 로마네스크와 고딕 양식이 혼합된 시에나 대성당Sienna Cathedral의 서쪽 파사드에는 거대한 원형 창이 중앙에 있으며(그림 103), 피렌체 대성당Santa Maria del Fiore Cathedral에는 중앙 및 양 측면 포털 위에 장미창이 설치되어 있다. 심지어 레오나르도 다 빈치의 교회 스케치에서도 장미창을 확인할 수 있다. 이러한 장미창은 르네상스 초기까지 제한적으로 사용하다가 서서히 자취를 감추었다.

3개의 포털portal과 벽 버트리스wall buttress

장미창에 머물렀던 시선을 아래로 옮기면, 샤르트르 대성당 입구를 이루는 세 개의 문이 눈에 들어온다(그림 63). 이는 고딕 양식의 전형적인 '세 개의 포털tripartite portal' 구성으로, 중앙 네이브nave와 양측 아일aisle에 각각 대응하는 문들이다. 이 문들은 아미앵이나 랭스 대성당의 웅장한 포털portal과는 다르게 비교적 단출하며, 심지어 초기 고딕의 생 드니 대성당보다도 소박하게 느껴진다. 이러한 간결함은 1194년 화재 이후 기존 벽체를 재활용한 결과로, 재건 이전의 규모를 유추할 수 있는 흔적이기도 하다. 예상보다 대규모로 확장된 재건축으로 인해 정면 포털이 다소 부족하게 느껴지자, 남측과 북측 트랜셉트의 출입구에 하이 고딕 양식의 거대한 포털을 설치하였다(그림 69).

세 개의 포털

대성당이나 궁전의 주요 출입구는 일반적으로 '포털portal'이라 부르며, 지붕이 달린 현관을 뜻하는 '포치porch'와 혼동하기도 한다. 대성당에서 포

그림 69 샤르트르 대성당의 남쪽 트랜셉트 포털

미완의 완성, 보베 대성당_고딕이 꽃피운 대성당의 시대

털은 단순한 출입구를 넘어, 방문객에게 신성한 경계로서의 역할을 수행하므로 포치와는 구분되어야 한다. 초기 교회는 '단일 포털single portal'을 사용했지만, 신자 수의 증가와 예식과 순례 동선의 분리를 위해 점차 '세 개의 포털tripartite portal' 구성으로 발전하여 고딕 건축을 대표하는 요소로 자리 잡았다.

산티아고로 향하는 순례루트의 시작교회 중 하나로, 성 베르나르Bernard of Clairvaux가 제2차 십자군 원정을 위해 설교한 장소로 유명한 '베즐레의 생트 마들렌 바실리카Basilique Sainte-Madeleine, Vézelay'는 12세기 초반 서쪽 정면에 세 개의 포털을 배치하여 삼위일체를 상징하였다. 중앙 포털은 네이브의 폭에 맞춰 넓게 설계되어 예식과 행사를 위해 성직자나 귀족들이 주로 사용하였으며, 좌우측 포털에도 상징적 의미가 부여되지만, 실질적으로 어느 문을 통해 입장해도 무방하다. 특히 중앙 포털의 팀파눔tympanum에는 '최후의 심판' 장면을 표현하여, 순례자에게 종말과 구원의 메시지를 강렬하게 전달하려 했던 의도를 엿볼 수 있다(그림 70).

후기 로마네스크 양식의 이러한 특징은 고딕으로 이행하면서 더욱 발전하여, 포털은 건물의 캐노피canopy처럼 아키볼트archivolt와 기둥jamb을 활용해 개방감과 경량화를 실현했고, 정교한 조각 장식을 통해 시각적인 효과를 극대화하였다. 특히 랭스 대성당의 포털 기둥에 조각된 '미소짓는 천사smiling angel'(그림 22)나 노트르담 대성당에서 자신의 얼굴을 손에 들고 있는 생 드니Saint Denis 조각상은 놓치지 말아야 할 흥미로운 작품이다(그림 71).

파사드의 수직분할
'쌍둥이 탑', '장미창', 그리고 화려하게 꾸며진 '세 개의 포털'과 함께 파사드 구성의 중심을 이루는 또 다른 요소는 네 개의 육중한 '벽 버트리스

그림 70 생트 마들렌 바실리카 중앙 포털과 팀파눔   **그림 71** 노트르담 대성당 서측 파사드의 성모 마리아 포털에 장식된 자신의 머리를 들고 있는 생 드니

wall buttress'이다. 이들은 세 개의 포털을 수직으로 나누는 구조로, 내부의 중앙 네이브와 양측 아일의 평면 구성을 외부에 시각적으로 드러내는 장치이기도 하다. 이러한 형식은 캉의 생테티엔 수도원의 영향 아래 생 드니 바실리카에서 뚜렷하게 나타난다(그림 62, 64). 샤르트르 대성당 역시 이 형식을 따르고 있지만, 양 측면 중앙에 보조 버트리스를 추가하여 로마네스크에서 고딕으로 전환기의 복잡한 형태를 하고 있다(그림 63).

    파리의 노트르담 대성당의 내부는 이중 아일double aisles 구조로 총 다섯 부분으로 구성되어 있지만, 기존 방식대로 네 개의 버트리스로 파사드를 세 부분으로 나누었다(그림 38, 60). 반면에 영국의 웰스 대성당Wells Cathedral의 내부는 중앙 네이브와 단일 아일로 구성되었지만, 파사드를 여섯 개의 버트리스로 다섯 부분으로 구획하였다(그림 72). 사실 웰스 대성당의 측면

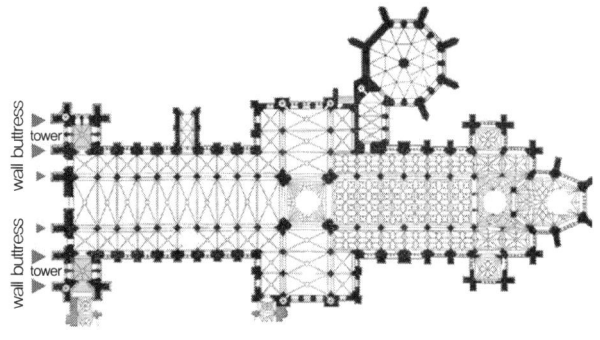

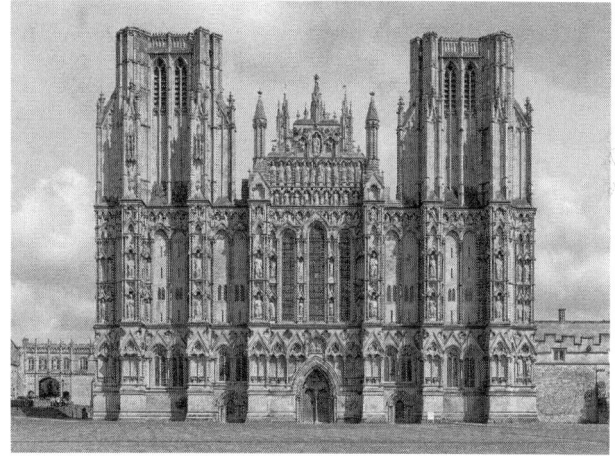

그림 72 여섯 개의 벽 버트리스로 분할된 웰스 대성당

버트리스는 상부 탑을 지지하기 위한 구조적인 역할을 하고 있다.

생 드니 바실리카처럼 단순하고 투박한 형태의 초기 벽 버트리스는 후기로 갈수록 구조적 기능성을 넘어 미적인 요소로 벽체와 일체가 되었다. 노트르담 대성당에서는 포털 상부에 유대 왕들의 조각상을 배치하여 버트리스의 수직적인 흐름을 시각적으로 분절하였고(그림 60좌), 아미앵 대성당에서는 버트리스 전면에 피너클pinnacle을 설치하여 그 자체를 장식적 요소로 승화시켰다(그림 73). 그러나 무엇보다 랭스 대성당은 조각과 포털

그림 73 버트리스 전면에 피너클을 설치한 아미앵 대성당 파사드

의 조화를 통해 버트리스를 시각적으로 통합하고, 포털 사이에 입상 조각을 연속적으로 배치함으로써 버트리스의 존재를 시야에서 거의 지워내는 데 성공하였다(그림 60우). 그러나 진정한 고딕 양식의 정수는 건물의 외부가 아니라, 포털을 통과해 내부로 들어섰을 때, 고딕 건축이 구현한 공간의 혁신성과 그 정신을 비로소 온전히 체감할 수 있다.

고딕 건축 내부 입면의 변화와 발전

제 7 장

고딕 건축 내부 입면의 변화와 발전

새로운 건축 양식들이 이전 시대의 양식을 바탕으로 발전해왔듯이, 고딕 양식 또한 후기 로마네스크에서 초기 고딕, 그리고 하이 고딕High Gothic 으로 전개되었다. 그러나 고딕 건축물 대부분은 건축기술과 경제적 제약으로 단일 건축가에 의해 완공되지 못했으며, 천년에 가까운 시간 동안 증축, 보수, 복원이 반복되면서 다양한 양식이 공존하고 있다. 특히 대성당 외부는 플라잉 버트리스와 같은 구조적 요소나 과도한 조각 장식들로 인해 고딕 건축의 발전을 명확히 파악하기 어렵게 만들고 있다.

다양한 양식이 혼재된 외부와 달리, 대성당 내부에 들어서면 고딕 건축이 지향한 본질이 뚜렷하게 드러난다. 천상의 빛을 최대한 끌어들이고, 수직의 공간감을 강조하기 위해 불필요한 요소들을 배제함으로써, 고딕 양식이 본질적으로 외부보다 내부를 지향하는 건축임을 보여준다. 이러한 특성은 대성당 내부의 네이브 벽체의 입면에서 가장 명확하게 나타나며, 고딕 양식의 구조적 합리성과 조형적 발전을 시각적으로 보여준다. 따라서 고딕이 추구한 수직성과 공간감을 온전히 이해하기 위해서는 초기 고딕에서 하이 고딕으로 이행하는 과정에서 내부 입면이 어떻게 진화

했는지를 살펴보는 것이 중요하다.

고딕 건축의 내부 입면의 변화

12세기의 고딕 건축과 13세기의 고딕 건축은 동일하게 보이지 않는다. 이는 중세라는 시대적인 낙후성에도 불구하고 고딕 건축이 짧은 시간 안에 급속한 발전을 이루었음을 보여주는 중요한 증거이다. 모든 시대의 건축 양식이 그러하듯, 파리를 중심Ile de France으로 전개된 고딕 건축의 주류는 이전 시대의 양식을 바탕으로 고딕에 적합한 형태를 수용하고 변형하여 '하이 고딕'이라는 고딕 건축의 전형적인 양식으로 발전해 나갔다. 이중에서도 특히 주목할 변화는 건물 내부 입면의 구성 방식이다.

내부 입면의 발전

초기 교회건축은 로마제국의 바실리카 양식을 변형한 형태로, 내부 공간은 1층의 '아케이드arcade'를 통해 중앙 네이브nave와 양측 아일aisle을 자연스럽게 연결하고, 상부에는 채광창 역할을 하는 '클리어스토리clerestory'를 두는 2층 구성으로 이루어져 있었다(그림 74). 이러한 구성은 로마네스크 양식의 성숙기인 10세기까지 유지되었으나, 순례 교회를 중심으로 아케이드 상부에 다양한 용도로 사용된 '트리뷴tribune'이 설치되면서 클리어스토리를 대체하게 되었다(그림 76).

이후 트리뷴에 의해 간섭되는 빛의 유입과 공간의 개방성을 확보하기 위해, 트리뷴 상부에 다시 클리어스토리를 설치하는 방식이 등장하면서 입면 구성은 3층으로 전환되었다. 초기 고딕 건축에서는 이 두 요소를 구

그림 74 아케이드와 클리어스토리 창으로 구성된 2층 입면(산타 사비나 바실리카, 432)

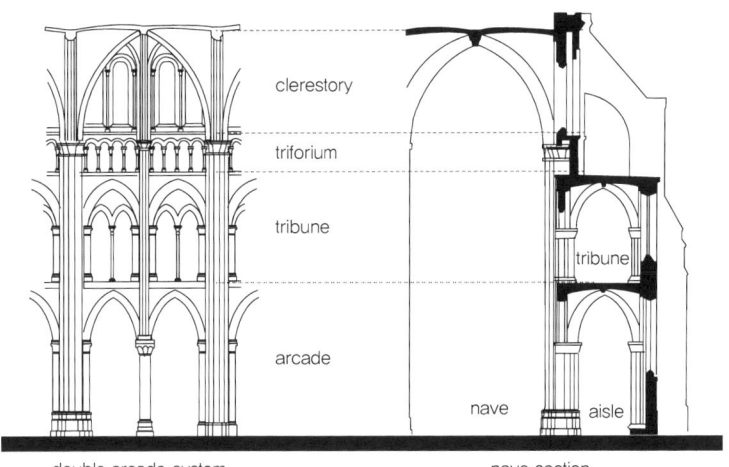

그림 75 초기 고딕 건축의 4층 입면구성(누아용 대성당)

분하고 연결하는 중간층인 '트라이포리엄triforium'이 추가되면서 4층 구성
으로 발전하였다(그림 75).

그러나 초기 고딕 건축의 입면 구성은 단순한 수평적 분절에 그치지

미완의 완성, 보베 대성당_고딕이 꽃피운 대성당의 시대

않고, 공간 전체에 수직적인 상승감과 시각적 연속성을 강조하려는 의도를 지니고 있었다. 이러한 경향은 하이 고딕 양식에 이르러 더욱 뚜렷해지며, 트리뷴이 사라지고 3층 구성이 고딕 내부 입면의 전형으로 자리 잡게 된다. 이처럼 비교적 짧은 시간 안에 급격히 전개된 고딕 내부 입면의 변화를 온전히 이해하기 위해서는, 각 층을 구성하는 생소한 용어들과 그 기능에 대한 이해가 선행되어야 한다.

아케이드arcade와 베이bay : 수직성과 공간의 분절

로마 시대의 바실리카 형식으로 건축된 산타 사비나 바실리카*Basilica di Santa Sabina, Rome*(432)의 네이브 벽체는, 코린트식 기둥이 수평의 석재 아키트레이브architrave를 지지하던 기존의 구성에서 벗어나 연속적인 아치 형태로 전환되었다. 아치들로 연속된 이러한 구조를 '아케이드arcade'라 부르며, 중세 종교 건축의 기본 형식으로 자리 잡았다(그림 74).

라틴어 *arcus*(아치)와 *arcata*(아치구조로 통로)를 어원으로 하는 아케이드는 로마 시대 콜로세움에서도 사용된 방식이지만, 중세 교회 건축에서는 1층 공간의 개방감과 시각적 흐름을 강조하고, 네이브와 아일을 구분하는 요소로 적극적으로 채택되었다. 중앙 네이브와 양측 아일을 유기적으로 연결하는 아케이드의 기둥과 기둥 사이는 자연스럽게 공간이 형성되며, 이렇게 구획화된 공간을 '베이bay'라 부른다(그림 58).

'베이'는 바닷가의 만灣처럼 안으로 들어간 공간을 의미하며, 건축에서는 기둥, 벽체 등 구조물에 의해 규칙적으로 분할된 공간 단위를 일컫는다. 특히, 공동주택의 단위세대 평면배치를 2-베이, 4-베이 등으로 부르며 일반인들에게도 익숙한 용어로, 고딕 건축의 내부 공간을 체계적으로 분석하고 설명하는 데 유용하게 사용된다.

베이의 수직성과 공간분할

고딕 건축의 기반이 된 로마네스크 건축의 가장 두드러진 특징 중 하나는, 산타 사비나 교회처럼 평면적이던 벽체에 수직성과 입체감을 부여한 것이다. 이들은 벽면에 벽기둥engaged column, 수평장식띠stringcourse, 그리고 몰딩molding과 같은 장식을 삽입함으로써, 단조로운 바실리카 내부를 보다 생동감 있는 3차원 공간으로 변형시켰다(그림 76).

특히, 배럴 볼트barrel vault에서 바닥까지 연속적으로 이어지는 벽기둥은 각 베이를 시각적으로 구획하며, 하나의 면으로 인식되던 네이브 벽체를 명확히 분절하였다. 이러한 베이의 명확한 분절은 구조적인 기능보다는 상부 볼트와 연속된 입면의 수직성과 시각적 리듬을 강조하려는 장식

그림 76 산티아고 데 콤포스텔라 대성당 내부의 베이 구획

미완의 완성, 보베 대성당_고딕이 꽃피운 대성당의 시대

적 의도였으며, 로마네스크에서 고딕으로의 양식 전환에 중요한 역할을
하였다.

이중 베이 구조와 원통형 피어

로마네스크 교회는 주로 단일 베이로 구성되었으나, 초기 고딕 건축
은 넓은 네이브 공간을 석재로 덮기 위해 정사각형에 가까운 볼트vault 중
간에 '가로 립transverse rib'을 추가한 '6분 볼트sexpartite vault'를 적용하여 '이
중 베이 구조double bay system'가 되었다. 로마네스크와 고딕 사이의 과도
기 건물인 프랑스 쥐미에주 수도원Jumièges Abbey이나 영국의 더럼 대성당
Durham Cathedral은 이중 베이 구조를 수직적으로 명확히 구분하지 못하지
만(그림 67, 77좌), 초기 고딕 건축에서는 볼트 구조에 따라 베이의 구획이 명
확히 드러나며(그림 77우), 두 가지 방식으로 발전하였다.

첫 번째는 상스 대성당Sens Cathedral과 누아용 대성당Noyon Cathedral(6분
볼트에서 4분 볼트로 변경)처럼, 6분 볼트를 구성하는 '가로 립transverse rib'과 '대

그림 77 이중 베이 구조. (좌) 더럼 대성당, (우) 누아용 대성당

그림 78 원통형 피어의 단일베이 구성. (좌) 랑 대성당, (우) 파리 대성당

각선 립diagonal rib'을 지지하는 '가는 기둥colonette'이 베이 하단까지 연속적
으로 내려오는 유형이다(그림 77우). 두 번째는 파리 대성당Paris Cathedral과
랑 대성당Laon Cathedral에서 볼 수 있는 방식으로, 볼트의 립이 원통형 피
어pier의 주두까지만 연결되어 단일 베이처럼 구성되는 유형이다(그림 78).
특히 원통형 피어는 상부 구조 전체를 지지하는 듯한 이미지도 있지만,
피어들 사이의 간격이 넓지 않아 립 기둥이 바닥까지 연속되면 오히려 고
딕이 지향하는 공간의 개방성이 감소할 우려가 있어 사용하였다.

랑 대성당의 네이브 전면의 두 번째와 네 번째 피어는 기존의 패턴에서
벗어나, 볼트 립rib을 지지하는 가는 기둥이 바닥까지 내려오는 독특한 구
성을 보여준다. 이는 영국 롬시 수도원Romsey Abbey의 네이브와 유사한 사
례로, 중세 건축에서 흔히 나타나는 건축 도중 계획 변경을 반영하는 것
으로 해석된다. 다만, 이러한 피어 구성의 변화가 네이브 동쪽 끝에 집중
되어 있다는 점에서, 성직자와 평신도 간의 의례적 공간 구분을 상징하기

미완의 완성, 보베 대성당_고딕이 꽃피운 대성당의 시대

그림 79 가는 기둥이 바닥까지 내려오는 네이브 전면의 두 번째와 네 번째 피어
(랑 대성당)

위한 목적으로 사용되었을 수 있을 것이다(그림 79).

기둥의 연속성과 시각적 강조

수아송 대성당Soissons Cathedral도 랑 대성당과 같은 원통형 피어를 사용하고 있으나, 립 볼트를 구성하는 다발기둥 중 '가로 립transverse rib'을 받치는 가는 기둥이 피어 주두 위에서 끝나지 않고 바닥까지 자연스럽게 연속된다(그림 80). 이와 유사한 구성은 세 대성당Sées Cathedral에서도 나타나지만, 여기서는 단일의 가는 기둥이 바닥에서 볼트까지 수직으로 연결되어 있다. 특히 이 기둥은 아케이드 상부의 스팬드럴spandrel을 장식하는 장미창 장식 위를 지나가고 있어, 내부가 4분 볼트로 변경되면서 구조적 안정성과 시각적 강조를 동시에 의도한 것으로 보인다(그림 81). 유사한 사례는 붕괴 이후 4분 볼트에서 6분 볼트 구조로 재건된 보베 대성당Beauvais Cathedral의 남측 베이에서 찾아볼 수 있다(그림 2).

그림 80 바닥까지 연속된 '가로 립'의 가는 기둥(수아송 대성당)

그림 81 바닥까지 연결된 볼트의 가는 기둥과 장미창 장식(세 대성당)

미완의 완성, 보베 대성당_고딕이 꽃피운 대성당의 시대

아케이드 피어의 완성

초기 고딕에서 하이 고딕으로의 전환점을 보여주는 샤르트르 대성당 Chartres Cathedral의 아케이드 피어는 네 방향에 가느다란 기둥을 부착한 '복합 피어pilier cantonné' 방식으로 구성되어 있다(그림 82). 이 구성은 수아송과 세 대성당의 방식들을 통합한 형태로, 측면에 배치된 기둥에는 주두capital 가 존재하지만, 중심 기둥은 상부 립 볼트와 직접 연결되어 수직성을 시각적으로 더욱 강조한다. 또한, 측면 및 후면의 보조 기둥들은 각각 아케이드와 아일의 아치를 독립적으로 지지함으로써 아치의 구조적 존재감을 강조하고, 아케이드 자체가 더 높게 보이는 시각적 효과를 유도하였다. 이러한 복합 피어 방식은 이후 하이 고딕 양식의 전형적인 특징으로 자리 잡게 된다.

그림 82 샤르트르 대성당의 복합 피어

결론적으로 고딕 건축에서 아케이드 피어의 구성은 단순한 구조적 안정성을 넘어, 전체 입면의 수직 리듬과 시각적 구성을 고려하여 설계된 것이다. 특히 하이 고딕 양식으로 진입하면서 원통형 피어를 벗어나, 립 볼트를 지지하는 가는 기둥을 바닥까지 연속시키는 방식이 일반화되었으며, 이를 통해 베이의 구획은 더욱 명확해지고, 벽면 전체의 수직성과 공간감을 극대화하였다.

중세 교회의 입면 구성과 트리뷴

중세 교회의 내부 입면은 기본적으로 1층의 아케이드와 상부에 채광창이 설치된 클리어스토리clerestory로 구성된 2층의 바실리카 형식을 따랐다(그림 74). 그러나 10세기 이후, 순례교회를 중심으로 새로운 구조인 '트리뷴tribune'이 도입되면서 클리어스토리를 대체하게 되었다(그림 76).

'트리뷴'이라는 용어는 원래 로마제국 시대에 선출된 관료인 호민관護民官. tribunus을 뜻했지만, 건축 분야에서는 다양한 의미로 사용되어 명확한 정의를 내리기 어렵다. 바실리카 전면에 설치된 높은 단상을 의미하기도 하고, 메디치 가문의 주요 작품들이 전시된 피렌체 우피치 미술관Galleria degli Uffizi의 '트리뷰나Tribuna'처럼 건물의 중심 공간을 지칭하는 경우도 있다. 그러나 중세 교회 건축에서 트리뷴은 일반적으로 교회 내부 2층에 마련된 독립적인 공간을 가리킨다(그림 76).

트리뷴의 기능

트리뷴은 이미 로마 시대 건축물과 초기 그리스도교 바실리카, 그리고 '하기아 소피아Hagia Sophia'와 같은 비잔틴 건축물에서도 사용되었지만, 로마네스크 건축의 핵심 요소로 자리 잡게 된 과정은 명확하게 밝혀져 있지 않다. 아울러 트리뷴의 기능 역시 시대와 지역에 따라 다양하게 변화해 왔다. 일부 초기 교회에서는 트리뷴에 제단altar을 설치하여 2층 공간을 예배를 위한 독립된 장소로 사용하였고, 축일에는 합창단이 1층과 2층에 나뉘어 교창성가antiphonal chant를 주고받으며 화음을 이루는 음악 공간으로 쓰였다는 기록도 전해진다. 비잔틴 제국에서는 트리뷴이 여성 신도를 위한 별도의 예배 공간으로 사용되었으며, 북유럽에서 가장 이른 시기에 트리뷴을 설치한 독일의 '게른로드 수도원Gernrode Abbey'(약 961년경)은 수녀원이었기에 여성 전용 공간으로 활용되었을 가능성도 제기되고 있다.

특히 트리뷴은 산티아고 데 콤포스텔라로 향하는 순례교회pilgrimage church에서 순례객들이 머물고 휴식하는 장소로 사용하였다고 전한다. 당시 기록에 따르면 숙박을 위하여 몰려드는 순례객들의 오물과 악취로 인해 청소와 유지가 큰 문제였다고 한다. 한편, 순례교회에서 트리뷴은 '갤러리gallery'라고도 불리며, 예식을 참관하기 위한 부가적인 공간으로 해석하기도 하였다. 그러나 1층에서 진행되는 예식이 잘 보이지 않고, 많은 인원이 밀집했을 경우 낮은 난간으로 인해 상당히 위험하였을 것이다. 이와 더불어 트리뷴의 설치로 인해 클리어스토리 창문이 사라지면서, 내부는 중세의 어둠을 벗어나지 못하였다(그림 76).

로마네스크 순례교회에서 아일aisle 상부에 부가적인 공간을 확보하기 위하여 클리어스토리를 희생한 것과는 달리, 고딕 건축에서는 아케이드와 클리어스토리 사이에 트리뷴을 설치하여, 차단된 자연광을 보완하고 건물의 전체 높이를 끌어올려 수직적인 상승감을 더욱 강조할 수 있었다. 또한 트리뷴은 그로인groin이나 립 볼트로 덮여 있어, 네이브 볼트에서 발생하는 횡력을 지지하기 위한 '사분 아치quadrant arch' 형태의 버트리스를 그 위에 설치하여 상부 구조의 하중을 분산시킬 수 있었다. 하지만 이러한 구조적 장치로 인해 네이브 벽면에는 수직으로 넓은 면이 형성되었고, 이로 인한 시각적 단조로움을 보완하고자 트리뷴과 클리어스토리 사이에 새로운 수평층을 삽입하였다. 바로 이것이 초기 고딕 양식의 4층 입면을 완성하는 '트라이포리엄triforium'이다(그림 75).

트라이포리엄: 초기 고딕의 새로운 입면

고딕 건축의 내부 입면 구성에서 중요한 전환점이 된 '트라이포리엄triforium'은, 트리뷴과 혼용되어 개념과 용어에서 혼란이 많았다. 트라이포리엄은 라틴어 'tria foris(세 개의 입구)'에서 유래되었다는 설이 있으며, 또 다른 어원으로는 '뚫린 것' 또는 '개방된 통로'를 의미하는 라틴어 'transforatum'에서 비롯됐다고 한다. 건축용어로 처음 사용된 것은 캔터베리의 연대기 작가 게르베스Gervase가 캔터베리 대성당을 묘사하면서 프랑스어 'trifoire'를 사용한 것이다.

어원이 다양한 것과 같이 형태 또한 다양하여 트리뷴과 트라이포리엄 모두 사용한 4층 입면에서는 쉽게 구분할 수 있지만, 둘 중 하나만 존재할 경우 유사한 외형으로 인해 혼동되는 경우가 많다. 하이 고딕에 이르러 트리뷴이 사라지고 아케이드와 클리어스토리 창문의 확장으로, 트라이포리엄의 규모가 축소되어 쉽게 구분되지만, 초기 형태는 건축 역사가들조차도 혼용하였다.

고딕 초기에는 아케이드 상부에 위치한 두 요소 모두가 갤러리 기능을 수행하였기 때문에 구별이 쉽지 않지만, 기능과 구성에서 차이를 보인다. 트리뷴은 아케이드의 아일aisle 바로 위층에 볼트로 덮인 공간으로, 예식과 참관이라는 복합적 기능의 독립된 공간인 반면, 트라이포리엄은 기둥과 아치가 연속된 통로 형태로 구성되며, 주로 장식적 역할을 수행하거나 구조적 전이를 위한 중간층 역할을 하였다.

두 가지 유형의 트라이포리엄 양식

고딕 시대 트라이포리엄은 크게 두 가지 유형으로 발전하였다. 첫 번째는 상스 대성당Sens Cathedral에서 볼 수 있는 형태로, 이중 베이의 거대한 아케이드 상부에 두 개의 아치가 트리뷴 형태로 중심 기둥을 경계로 벽면을 관통하여 설치된 유형이다(그림 83). 르망 대성당Le Mans Cathedral에

그림 83 트리뷴 형태의 트라이포리엄(상스 대성당)

그림 84 후면 통로의 트라이포리엄(랑 대성당)

서는 블라인드 아케이드blind arcade 내부에 간격을 두고 작은 개구부를 설치하여 시각적 깊이를 더했으며, 누아용 대성당Noyon Cathedral의 콰이어에서는 단순한 블라인드 아케이드를 통해 벽면과 일체화된 형태로 나타난다.

두 번째 유형은 1160년대 중반 랑 대성당Laon Cathedral에서 등장한 것으로, 전면에는 아치 형태의 아케이드가 있고 후면 벽체를 따라 실제 통로가 있는 구조이다(그림 84). 이와 같은 통로형 트라이포리엄은 1190년대 중반까지 프랑스 고딕 건축에서 일반적인 유형으로 자리 잡았으며, 이후 고딕 건축 전반에 걸쳐 반복적으로 나타나게 되었다.

미완의 완성, 보베 대성당_고딕이 꽃피운 대성당의 시대

클리어스토리: 고딕의 빛

고딕 건축의 진면목은 거대한 구조물 전체를 감싸는 빛이 만들어내는 내부 공간에서 드러난다. 이러한 빛의 효과는 트라이포리엄 위에 배치된 클리어스토리 창문을 통해 가능하다. '클리어스토리clerestory'는 'clear(투명한)'와 'story(층)'의 합성어로, 고대 이집트 건축에서 유래한 용어이다. 빛과 환기를 위한 '투명한 층'을 의미하는 클리어스토리를 최대한 확장하여, 내부로 유입되는 빛의 양을 극대화하기 위하여 노력한 결과가 고딕 건축이며, 아미앵 대성당과 같이 상부 전체 벽면을 스테인드글라스 창으로 구성한 하이 고딕의 형태로 나아가는 데에는 많은 변화가 있었다.

초기 고딕 클리어스토리

12세기 랑 대성당Laon Cathedral의 4층 입면에서 볼 수 있듯, 초기 고딕의 클리어스토리 창은 단순한 '랜싯창lancet window' 형태로 비교적 낮은 벽면에 적절한 크기의 개구부를 배치하는 수준에 머물렀다(그림 84). 파리Paris, 상스Sens, 생 드니Saint-Denis의 클리어스토리 창은 초기 고딕임에도 전체가 개방되어 있으나, 이는 나중에 하이 고딕 양식으로 개조되었기 때문이다.

초기 고딕 클리어스토리의 발전은 샤르트르 대성당Chartres Cathedral에서 찾아 볼 수 있다. 이곳에서는 두 개의 랜싯창 위에 장미창을 배치하여, 벽면 대부분을 창으로 구성하였다. 장미창은 초기 고딕부터 사용하였으나, 두 개의 랜싯창을 하나로 결합하여 상부에 원형창을 배치하는 방식은 장식성과 개구부 면적 확장의 측면에서 진보된 형태이다(그림 85). 이러한 구성은 상스와 누아용 대성당Noyon Cathedral의 트랜셉트transept 창에서 그

그림 85 두 개의 랜싯창 위에 장미창을 가진 클리어스토리

기원을 찾을 수 있으며, 궁극적으로는 볼트 구조의 발전으로 인하여 가능해졌다.

클리어스토리와 볼트: 6분 볼트에서 4분 볼트로

립 볼트rib vault는 그로인 볼트와 달리 립을 따라 하중을 분산시키고, 수직선을 강조하는 가느다란 기둥colonette을 통해 베이bay를 분할하는 구조이다. 6분 볼트sexpartite vault는 볼트 중앙에 추가된 '가로 립transverse rib'으로 인해, 3개와 5개의 기둥이 번갈아 나타나는 반면(그림 86좌), '4분 볼트quadripartite vault'에서는 다섯 개의 가는 기둥으로 구성된 다발기둥이 규칙적으로 반복되는 구조이다(그림 86우). 이러한 구성은 모든 건물에 동일하게 적용되는 것이 아니라, 볼트를 지지하는 기둥과 수평 요소가 만나는 입면 구성과의 조화 속에서 결정된다.

그림 86 (좌) 3개와 5개의 기둥의 반복 6분 볼트(랑 대성당), (우) 다섯 개의 가는 기둥의 4분 볼트(아미 앵 대성당)

파리 대성당과 랑 대성당은 6분 볼트를 사용하고, 원통형 피어를 갖추고 있지만 볼트 립을 지지하는 기둥 구성에는 차이가 있다. 파리 대성당은 각 베이에 동일한 3개의 기둥을 반복하여 수직적 리듬을 강조하는 반면, 랑 대성당은 3개와 5개의 다발기둥을 교차로 배치하여 구조적 리듬을 형성하고 있다(그림 84, 86좌). 또한 볼트 립을 지지하는 기둥의 주두 위치에서도 차이를 보이고 있다. 랑 대성당에서는 클리어스토리 하단에 볼트의 주두가 있는 초기 고딕의 전형을 따르지만, 파리 대성당에서는 클리어스토리 중간에 위치한다. 이는 파리 대성당의 클리어스토리가 6분 볼트 구성에서 하이 고딕 양식으로 재건되면서 창문 면석을 확대하고 구조를 재조정한 결과이다. 이러한 사례는 고딕 건축이 단일 요소의 독립적인 발전이 아닌, 전체 구조 체계 내에서 각 요소가 서로 긴밀하게 연결되어 진화하였다는 점을 잘 보여준다.

이와 같이 고딕 건축의 구성 요소는 독자적으로 발전한 것이 아니라, 전체 구조와의 유기적 관계 속에서 조정되고 진화하였으며, 고딕 건축이 완성에 이르는 '하이 고딕High Gothic' 양식에서 뚜렷하게 드러난다.

제 8 장

고딕 건축의 전형: 하이 고딕

고딕 건축의 전형: 하이 고딕

트리뷴tribune의 제거와 고층화

초기 고딕에서 하이 고딕 양식으로의 전환은 대성당 내부에 더 많은 빛을 들이기 위한 노력에서 비롯되었다. 특히 네이브 벽면에서 트리뷴을 제거하고, 클리어스토리clerestory를 최대한 확장하여, 하늘에서 쏟아지는 듯한 빛의 연출이 가능해졌다. 이러한 변화의 가장 선도적인 건물이 샤르트르 대성당이다.

1194년 화재 이후, 서쪽 파사드 포털을 제외하고 대규모의 재건축을 시작할 때 트리뷴을 과감히 제거하였다. 단순히 건축가 개인의 판단이라기보다는, 주교와 교구 당국이 함께 고심한 끝에 내린 결정이었을 가능성이 크다. 당시 누아용Noyon Cathedral과 상리 대성당Senlis Cathedral의 트리뷴에는 제단altar이 설치되어 있어 예식 공간으로 사용되었으나, 새로운 고딕 양식의 이상을 구현하는 데 있어, 빛과 수직성을 방해하는 중간 층을 제거하는 것이 더 큰 효과를 발휘한다고 판단한 것으로 보인다. 이와 같은 결정은 고딕 건축의 입면 구성에서 수직성을 극대화하려는 움직임의 분

기점이 되었으며, 이후 고딕 건축의 전형적인 양식으로 자리 잡게 되었다.

고딕 건축의 고층화와 수직성을 위하여 사용하였던 트리뷴의 제거는 혁신적인 변혁임에 분명할 것이다. 예배의식에서도 콰이어에 높은 제단을 두어 모든 의식행위를 1층에서 행하도록 하여, 1층과 2층에서 공간 체험의 분리가 아닌 1층에서 공간을 지각하고 예식에 집중하도록 하였다. 사실 하이 고딕이 추구하는 건물의 고층화는 여러 단계로 구분되는 세분화가 아니라 더 큰 규모의 단순화 속에 있다고 할 수 있다.

이러한 규모의 단순화는 1층 네이브 공간과 아케이드의 확대에 따라 비례적으로 형성된 것으로 보인다. 예를 들면, 랑 대성당의 4층 구성을 샤르트르 대성당과 같은 높이로 건축할 경우, 그림에서와 같이 트리뷴의 기능은 사실상 사라지게 된다(그림 87). 높이 약 13.5m에 달하는 트리뷴 공간은 아케이드 확장 없이 사용할 수 있는 구조로 보기 어렵고, 독립적 공간으로 기능하기엔 안전 문제도 발생할 수 있다.

두 건물의 입면을 비교하면 트리뷴 제거의 결과로 아케이드와 클리어스토리는 더욱 확장되었고, 두 요소를 연결하는 트라이포리엄triforium의 중

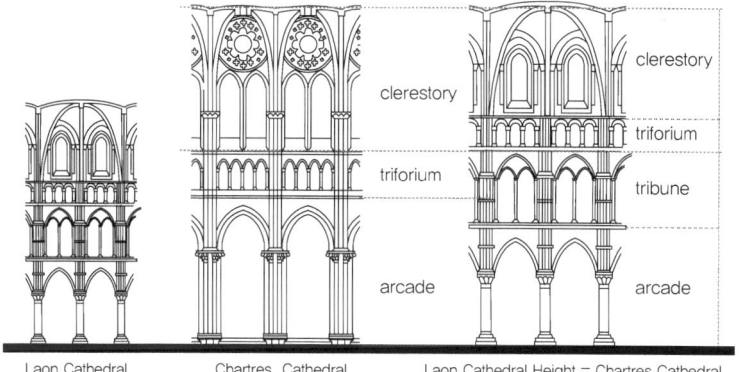

그림 87 4층 입면에서 3층 입면으로의 변화와 비교

요성이 트리뷴의 제거로 인하여 강조되었다. 따라서 트라이포리엄은 단순한 장식적 요소를 넘어, 아케이드와 클리어스토리를 시각적으로 연결하며 수직성과 수평성을 교차시키는 전이 공간의 역할을 수행하게 되었다.

샤르트르 대성당의 필리에 캉또네pilier cantonné

초기 고딕의 원통형 아케이드 피어에서 벗어나, 샤르트르 대성당 Chartres Cathedral에서는 고딕 건축의 전환점을 이루는 새로운 형태인 '필리에 캉또네'라는 '복합 피어compound pier'를 처음으로 사용하여 하이 고딕 양식으로 발전하였다. 이 방식은 로마네스크 건축에서 사용되던 '복합 피어'와 유사해 보이지만, 구조적 기능과 조형 방식에서 차이를 보인다. 로마네스크의 경우, 중심 기둥에 가는 기둥이 다발처럼 부착된 형식이었다면, 샤르트르에서는 네 방향으로 독립적인 기능을 가진 '기둥respond'이 십자 형태로 배치되어 각기 다른 아치를 지지하도록 설계되었다(그림 82).

이러한 구조는 당시의 고딕 건축과도 분명한 차이를 드러낸다. 파리나 랑 대성당에서는 볼트를 지지하는 '가는 기둥colonnette'들이 하나의 원통형 피어 위에 얹히는 형태이며, 상스, 상리스, 누아용 대성당과 같은 초기 고딕 교회들은 이중 베이 형식을 채택하여 중앙 피어에는 가는 기둥 하나만이 올라가고, 양측 피어는 바닥까지 연속되는 방식을 사용하였다(그림 77, 83).

이에 반해, 샤르트르 대성당의 복합 피어에서 볼트로부터의 다섯 개의 가는 기둥 중 오직 중앙의 굵은 기둥 하나만이 바닥부터 천장까지 연속되고, 나머지 네 개의 기둥은 원통형 피어의 상부에서 출발한다. 특히 네이브 방향의 기둥은 주두 없이 피어에 부착되어 상부의 립 볼트를 직접 지지하고, 측면과 후면의 기둥은 각각 아케이드와 아일의 아치를 떠받치며 독립적인 기둥의 역할을 한다.

샤르트르의 복합 피어에서 주목할 또 다른 특징은 기둥 형식의 변화와 반복을 통한 공간적 리듬의 형성이다. 원형 피어에는 네 개의 다각형 기둥이 십자 형태로 부착되고, 반대로 팔각형 피어에는 네 개의 원형 기둥이 교차로 부착되어, 원-다각형 구성을 반복하여 아케이드에 역동적인 시각적 변화를 만들어내었다. 그러나 랭스Reims Cathedral와 아미앵 대성당 Amiens Cathedral에서는 이러한 대비적 구성 없이 단일한 원형 복합 피어를 사용하여 정제되고 통일된 조형미를 추구하였다. 이는 샤르트르가 고딕 구조의 진화 과정에서 실험성과 다양성을 품은 과도기적 건축이라면, 하이 고딕의 전형으로 발전한 랭스와 아미앵은 시각적 일관성에 더욱 무게를 두었음을 보여준다.

랭스 대성당: 트레이서리 창문

프랑스 왕의 대관식 장소로 유명한 랭스 대성당은 샤르트르 대성당의 내부 입면 구성을 계승하면서 아케이드의 높이를 더욱 키웠다. 입면을 비교해보면, 아케이드의 포인티드 아치는 트라이포리엄에 닿을 정도로 더욱 뾰족해졌고, 트라이포리엄 아치 역시 더 높아졌으나, 전체적인 구성은 여전히 샤르트르의 체계를 따르고 있다(그림 88).

흥미로운 점은, 샤르트르와 마찬가지로 네 개의 동일한 아치로 구성된 트라이포리엄의 중앙 기둥이 주변보다 더 굵다는 점이다. 이는 클리어

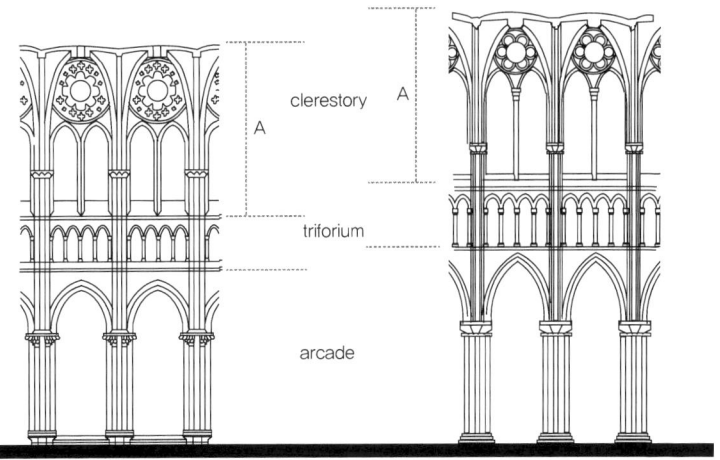

그림 88 샤르트르와 랭스 대성당의 내부 입면의 변화

스토리 창문의 수직 프레임인 '멀리언mullion'과 시각적으로 연속성을 이루 도록 의도한 것으로, 하이 고딕의 수직성을 강조하기 위한 장치로 해석된 다. 또한, 립 볼트 아치의 '시작점springer'은 샤르트르보다 낮게 위치하지 만, 아미앵 대성당에서는 다시 상단으로 조정되어 수직성과 개방감을 강 화하게 된다(그림 88).

무엇보다 랭스 대성당의 입면에서 주목할 부분은 고딕 건축을 상징하 는 '트레이서리 창문tracery window'이다. 이는 랭스 대성당의 첫 번째 건축 가인 쟝 도르베Jean d'Orbais의 설계로, 프랑스를 넘어 전 유럽으로 확산된 고딕 양식의 정형성을 구축하는 데 중요한 역할을 하였다(그림 89).

유로화에 담긴 고딕 건축의 상징

유럽이 단일화되어 아쉬운 것은, 각국 화폐에서 그 나라를 대표하던 역사적 인물을 만나는 즐거움이 사라졌다는 것이다. 유로화를 도안하는

미완의 완성, 보베 대성당_고딕이 꽃피운 대성당의 시대

그림 89 랭스 대성당의 창문 트레이서리 장식

과정에서 국가 간 이해관계로 인해 많은 논쟁과 고민이 있었을 것이다. 논란 끝에 유로화는 인물을 배제하고, 5유로의 고전주의 양식부터 500유로의 현대 건축 양식에 이르기까지, 시대별 건축 양식을 상징적으로 표현하였고, 고딕 양식은 20유로에서 확인할 수 있다.

20유로 지폐 전면에는 흐릿하게 퓨현된 립 볼트를 배경으로, 두 개의 포인티드 아치 창문이 겹쳐져 고딕 건축의 이미지를 상징하고 있다. 이 도안은 랭스나 아미앵 대성당의 창호와 유사하지만, 특정 건축물을 직접 묘사하지 않으면서도 고딕의 본질을 함축적으로 전달하고 있다. 무엇보다 중요한 것은, 고딕을 상징하는 아이콘icon으로 포인티드 아치 창호를 선택하였다는 점이다. 특히 창문은 스테인드글라스를 설치하기 위하여 가늘고 정교한 석재들로 장식되어 있는데, 이를 '트레이서리tracery'라 하며 고딕 양식을 대표하는 시각적 요소다.

그림 90 유로화(€ 20)의 고딕 창문 트레이서리

plate & bar tracery

트레이서리는 형태에 따라 '판형 트레이서리plate tracery'와 '바형 트레이서리bar tracery'로 구분된다(그림 91). 샤르트르 대성당의 창문에서는 벽면을 파낸 듯한 초기 고딕의 육중한 판형 구조가 여전히 남아있지만, 랭스에서는 멀리언mullion과 가는 석재 바bar들을 기하학적으로 장식하여 기둥과 창문 프레임을 제외하고, 클리어스토리 벽 표면을 거의 제거하는 것을 가능

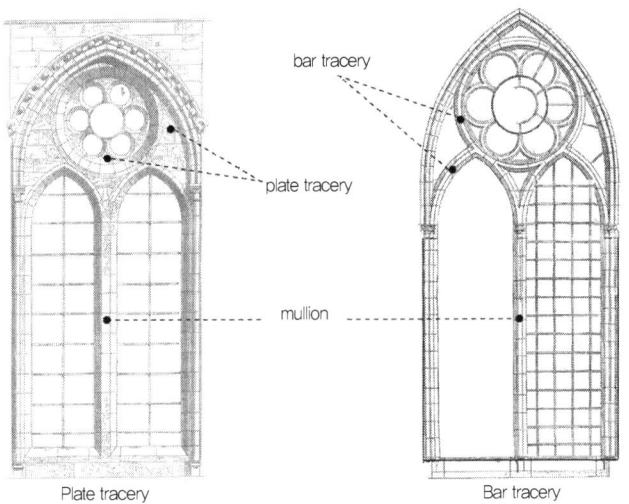

그림 91 (좌) 판형 트레이서리, (우) 바형 트레이서리

미완의 완성, 보베 대성당_고딕이 꽃피운 대성당의 시대

하도록 만들었다.

그 결과 고딕 창문은 더 이상 판들로 분리되어 있는 것이 아니라 단일하고 연속된 구조로 전환하면서 하이 고딕의 중요한 특징으로 자리 잡았다. 특히 장미창rose window에서는 중심에서 바깥으로 퍼져나가는 듯한 가는 석재 트레이서리의 배열을 통해, 극적인 장식을 가능하게 한 '레요낭 양식Rayonnant Style'을 이끌어내었다.

그림 92 노트르담 대성당 북측 트랜셉트의 레요낭 양식 장미창

아미앵 대성당: 하이 고딕 양식의 정점

프랑스 고딕 대성당의 복원 작업을 주도한 비올레 르 뒤크는 아미앵 대성당Amiens Cathedral을 '가장 순수한 고딕'으로 평가하였다. 아미앵은 샤르트르와 랭스 대성당의 구조적 성취를 바탕으로 더욱 높은 규모와 정교한 입면 구성을 구현하며, 하이 고딕 양식의 이상을 추구하였다. 건물의 높이가 증가함에 따라 아케이드 역시 확장되었으며, 심지어 아일의 높이는 랭 대성당의 네이브보다 불과 4m 차이밖에 나지 않는다(그림 93). 이러한 규모의 확대는 경외심을 불러일으키는 수직적 장엄함과 함께, 수평적 개방감을 동시에 실현하려는 의도를 반영하고 있다.

볼트 기둥 구성

아미앵 대성당의 복합 피어pilier cantonné는 랭스와 유사한 형식을 따르

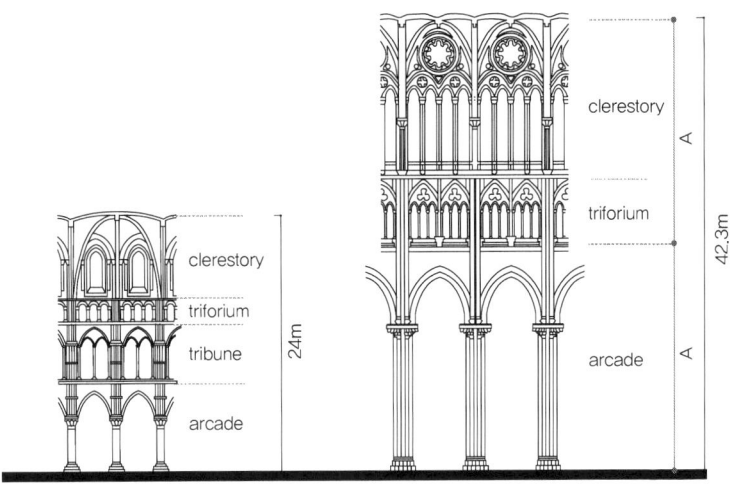

그림 93 랭 대성당과 아미앵 대성당의 입면

미완의 완성, 보베 대성당_고딕이 꽃피운 대성당의 시대

면서도, 구조적 차별성과 조형적 정교함을 보여준다. 샤르트르와 랭스에서는 다섯 개의 볼트 기둥이 모두 피어의 주두capital 위에서 시작되지만, 아미앵에서는 세 개의 기둥만이 주두까지 도달하고, 나머지는 트라이포리엄에서 시작된다. 이로 인해 바닥에서 천장까지 단계적으로 연속되는 '볼트 기둥(1-3-5구성)'은 시선을 자연스럽게 위로 끌어올리며, 육중한 석재 구조가 하늘로 솟아오르는 듯한 상승감을 연출한다(그림 94).

초기 고딕의 단순한 원통형 피어와 달리, 하이 고딕의 복합 피어는 아케이드 피어와 볼트 기둥 간의 지름 차이로 인해 주두장식도 주목할 만하다. 샤르트르와 아미앵에서는 네이브 방향의 볼트 기둥을 주두 없이 천장까지 연장하여 수직성을 강조한 반면, 랭스 대성당은 복합 피어 전체에 동일한 높이의 주두를 적용해 통일감을 주었다. 이러한 차이는 하이 고딕 내부 공간의 시각적 리듬과 비례 체계에 대한 각 건축가의 해석을 반영하고 있다.

그림 94 아미앵 대성당의 상승하는 복합피어 구성

트라이포리엄의 통합과 클리어스토리의 확장

아미앵의 입면 구성은 전체적으로 수직성을 강조하고 있으며, 트라이포리엄 또한 수평적 구획보다는 상부와의 시각적 연계를 통해 수직성을 극대화하고자 하였다. 샤르트르나 랭스 대성당의 트라이포리움이 수평 방향의 연속 아치로 아케이드와 클리어스토리 사이의 독립적인 전이 공간의 역할을 한 것에 비해, 아미앵의 트라이포리엄은 상부 클리어스토리와 시각적으로 연속되는 형태를 지닌다(그림 95).

클리어스토리 창은 이중의 4분할 트레이서리tracery 구조로 구성되며, 트라이포리엄과 긴밀하게 연결되어 있다. 특히, 세 개의 랜싯lancet 아치로 구성된 트라이포리엄 아치 사이에 있는 가는 기둥은 클리어스토리의 중심 멀리언mullion과 직결되어, 구조적으로도 상하 일체감을 형성한다(그림 96). 따라서 아미앵에서 트라이포리엄은 더 이상 독립적인 구획이 아니라 창문 구성의 일부로 흡수되었음을 보여준다. 이와 같은 구성은 이후 콰이어choir 공사를 진행하면서, 트라이포리엄 뒷면의 벽을 뚫고 창을 설치하여, 클리어스토리와 완전히 통합시키는 방식으로 발전하였으며, 보베 대성당에서도 확인할 수 있다(그림 126).

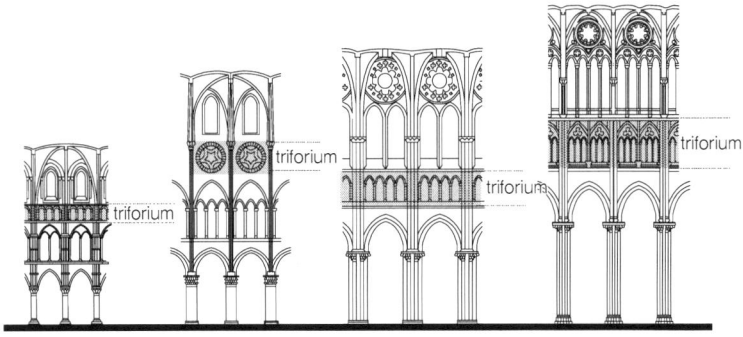

Laon Cathedral   Notre Dame Cathedral   Chartres Cathedral   Amiens Cathedral

그림 95 트라이포리엄의 변화

그림 96 아미앵 대성당의 클리어스토리 창문과 트라이포리엄

하이 고딕 네이브 입면의 완성

초기 고딕 건축에서 하이 고딕 건축으로의 발전은 3층 입면, 4분 볼트, 그리고 복합 피어*pilier cantonné*를 적용한 네이브 입면 구성에서 뚜렷하게 드러난다. 초기에는 아케이드, 트리뷴, 트라이포리엄, 클리어스토리로 구성된 4층 입면이 일반적이었지만, 공간의 개방성과 수직성을 확보하기 위해 트리뷴을 제거하고 3층 입면 체계로 전환하였다. 이러한 변화는 플라잉 버트리스의 도입을 통해 가능해졌으며, 외부 구조와 내부 공간의 유기적 연결을 통해 고딕 특유의 기념비성과 상승감을 강화하였다.

볼트 구조 역시 6분 볼트에서 4분 볼트로 바뀌었다. 4분 볼트는 각 베이에 균등한 하중을 분산시켜 보다 안정적인 구조를 구현하고, 균질한 입

제8장 고딕 건축의 전형: 하이 고딕

면 구성을 가능하게 하였다. 이는 베이 간격의 축소와 시공 효율성에도 기여하여, 고딕 대성당의 평면과 입면이 볼트의 '크라운crown'까지 유기적으로 이어지는 구조 체계를 형성하는 데 중요한 역할을 하였다. 한편 보베 대성당의 4분 볼트가 붕괴된 후 안정적인 구조를 위해 6분 볼트로 변경되기도 했으나, 대부분의 하이 고딕 건축물은 클리어스토리의 독립성을 위하여 4분 볼트를 선호하였다.

복합 피어의 사용 또한 하이 고딕의 중요한 특징이다. 이는 단순한 형태의 진화라기보다는, 시각적 세장성과 수직 비례를 극대화하려는 의도에 가까웠다. 하이 고딕에서는 아케이드의 높이가 크게 증가하면서, 단일 원통형 피어만으로는 시각적 균형을 이루기 어려웠다. 이에 따라 피어에 네 개의 부속 기둥을 부착한 복합 피어 방식이 채택되었으며, 이는 보다 섬세한 비례 조정과 시각적 일관성을 동시에 달성하기 위한 조형적 대응이었다. 특히, 파리 대성당처럼 단일 피어를 사용한 사례는 하이 고딕의 고층 비례와는 잘 어울리지 않았기 때문에, 복합 피어는 하이 고딕의 대표적인 구조적 · 조형적 특징으로 자리 잡게 되었다.

고딕 네이브 입면의 비례와 공간 구성의 발전

하이 고딕 건축으로 발전하면서 네이브 입면의 구성은 점차 복합적인 비례 체계로 진화하였기 때문에, 고딕 건축의 디자인은 단순한 요소들의 집합이 아니라, 그들 사이의 비례와 상호 관계를 통해 구성되는 종합적 예술로 이해하여야 한다. 그림 97에서와 같이 초기 고딕인 누아용 대성당의 아케이드는 트리뷴과 트라이포리엄을 합한 높이와 같으며, 클리어스

미완의 완성, 보베 대성당_고딕이 꽃피운 대성당의 시대

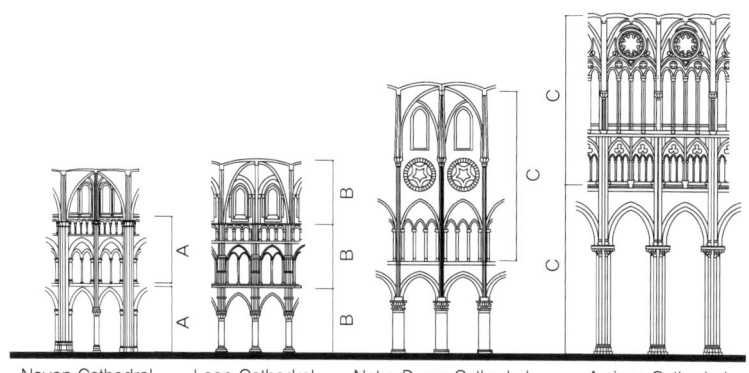

Noyon Cathedral   Laon Cathedral   Notre Dame Cathedral   Amiens Cathedral

그림 97 누아용, 랑 그리고 파리 대성당의 아케이드 폭과 입면의 발전

토리는 상대적으로 낮게 배치되었다. 랑 대성당은 아케이드의 폭과 높이
는 누아용과 거의 같지만, 트리뷴과 트라이포리엄을 합한 높이와 클리어
스토리의 높이가 같아, 전체 입면이 삼등분 구조를 이루며 수직적인 인상
을 준다. 특히 랑 대성당은 단일 원통형 피어를 채택하여 피어의 간격을
넓게 확보함으로써, 공간의 개방감을 더욱 부각시켰다. 파리 대성당은 규
모는 커졌지만 6분 볼트를 사용하면서 베이 폭과 아케이드 높이는 누아용
과 유사하게 유지되었고, 입면의 수평적 분할은 약화되었다. 또한 아케이드
를 제외한 전체 높이는 아미앵의 아케이드 높이와 거의 동일하다(그림 97).

    하이 고딕으로 이행하면서 입면의 구성은 이전보다 한층 더 수직성을
강조하는 방향으로 발전하였다. 샤르트르에서는 아케이드와 클리어스토
리가 거의 같은 높이로 설정되며, 트라이포리엄은 그 중간에서 상·하부
를 연결하는 역할을 수행한다. 아미앵에서는 아케이드의 높이를 트라이
포리엄과 클리어스토리를 합한 높이에 맞추었으며 보베는 더 높여, 전체
입면에서 시선이 위로 상승하는 수직성을 극대화하였다. 랭스 대성당은
이러한 하이 고딕 구성을 도입하는 과도기적 사례로, 『빌라르 드 오네쿠

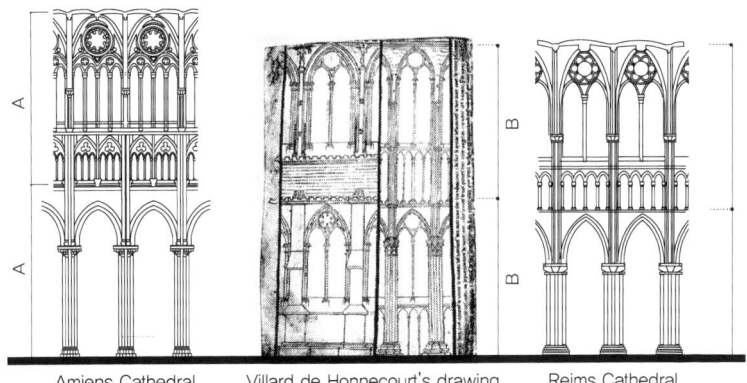

Amiens Cathedral Villard de Honnecourt's drawing Reims Cathedral

그림 98 랭스 대성당의 입면과 빌라르 드 오네쿠르의 도면

르의 스케치북』에서는 아미앵과 유사한 입면 분할을 보여주지만, 실제 건
축에서는 아케이드보다 클리어스토리를 높여 내부에 더 많은 빛과 투명
성을 확보하였다(그림 98).

　이처럼 하이 고딕의 네이브 입면 구성은 고딕 건축의 구조적 실험과 양
식적 전형화를 거쳐 절정에 이르렀으며, 초기 고딕의 전통 위에 수직성과
투명성을 극대화한 새로운 공간 개념을 구현하였다. 그러나 하늘을 향해
끝없이 높아지려는 인간의 욕망과 야심은 결국 기술적 한계에 부딪혀 붕
괴의 아픔을 겪으며 새로운 전환점을 맞이하게 되었다.

제8장 고딕 건축의 전형: 하이 고딕

그림 99 초기 고딕에서 하이 고딕으로의 입면 변화

제 9 장

미완의 완성, 보베 대성당

제 9 장

미완의 완성, 보베 대성당

하늘을 향한 인간의 욕망

50도가 넘나드는 사막의 뜨거운 열기 속에서도 겨울 스포츠를 즐길 수 있는 두바이Dubai에서 가장 인상적인 것은 도시의 빌딩 숲에서 다소 떨어져 있지만 뾰쪽한 바늘로 하늘을 찌르듯 솟아 있는 '칼리파의 탑Burj Khalifa(2004~2009)'이다. 높이 828m의 건물은 하늘에 좀 더 가까이, 더 높은 곳에 위치하고자 하는 인간의 욕망으로 언젠가는 또 다른 경쟁자에게 높이의 자리를 양보하고 잊혀 갈 것이지만, 그날이 오기 전까지는 최고의 자리를 누리고 있다.

높이에 대한 경쟁은 고대 이집트 피라미드에서부터 이어져 왔다. 19세기 말, 세계 최고 높이를 자랑하던 에펠탑(300m)은 41년 만에 크라이슬러 빌딩Chrysler Building(319m, 1929~30)에게 기록을 내주었고, 불과 1년도 채 되지 않아 엠파이어 스테이트 빌딩Empire State Building(381m, 1930~31)이 그 자리를 차지하였다. 엠파이어 스테이트 빌딩이 개관하고 난 뒤, 지금도 수백만 명이 전망대를 방문하고 있지만, 경쟁의 주역인 월터 크라이슬러Walter

그림 100 칼리파의 탑

Chrysler는 방문자 명단에 이름을 올리지 않았다고 한다.

'하늘을 향한 욕망'은 언제나 경쟁을 통해 가속화되며, 개인의 야망보다는 집단적 열망으로 확산될 때 더욱 거세게 불타오른다. 중세 유럽에서도 십자군전쟁 이후 도시의 성장과 교회 권력의 확대는 교구 간 대성당의 규모 경쟁을 불러일으켰고, 고딕 양식의 구조적 진보는 하늘에 가까이 닿고자 하는 욕망을 현실로 가능하게 하였다.

파리의 노트르담 대성당은 플라잉 버트리스flying buttress를 도입하여 내부 높이가 35m에 달하는 고층화를 가능하게 했으며, 아미앵 대성당은 42.3m로 절정을 보여주었다. 그러나 경쟁에 마침표를 찍은 것은 아미앵과 인접한 보베 대성당으로 건축 중이던 내부를 더 높여 47.5m로 건축하

제9장 미완의 완성, 보베 대성당

그림 101 크라이슬러 빌딩을 배경으로 한 엠파이어 스테이트 빌딩 공사

였다. 하지만 보베 대성당은 '높이 경쟁'에서는 승리하였을지 몰라도, 붕괴로 인해 결국 네이브^{nave}는 끝내 완공되지 못한 채 미완성의 건축으로 남게 되었다. 이러한 인근 지역과의 경쟁은 프랑스 북부뿐 아니라 이탈리아 토스카나 지역을 대표하는 시에나와 피렌체 간의 흥미로운 경쟁에서도 찾아볼 수 있다.

검은 수탉과 대성당

이탈리아 '키안티 클라시코$^{Chianti\ Classico}$'의 상징인 '검은 수탉$^{Gallo\ Nero}$'은, 단순히 와인 지역의 심볼이 아니라, 중세 피렌체^{Firenze}와 시에나^{Sienna}의 영토 분쟁에서 비롯된 흥미로운 전설과 관련이 있다. "두 도시의 경계

그림 102 바사리의 판넬화 〈Allegory of the Chianti region〉(1565, Palazzo Vecchio Museum)의 검은 수탉과 키안티 클래시코 와인 상표

를 설정하기 위해 각 도시의 기사를 수탉 울음소리에 맞춰 출발시켜, 만나는 지점을 경계로 삼기로 한 것이다. 피렌체는 검은 수탉을 작고 어두운 닭장에 가두고 며칠 동안 먹이를 주지 않은 반면, 시에나는 흰 수탉에게 충분한 음식을 제공하고 관리를 하였다고 한다. 출발 당일, 검은 수탉은 배고픔에 새벽 전부터 울기 시작했고, 먼저 출발한 피렌체 기사는 폰테루톨리Fonterutoli라는 장소에 이르러 시에나 기사를 만났는데, 이곳은 시에나의 출발 지점에서 단 12km 떨어진 곳이었다. 이로 인해 피렌체는 키안티 영토 대부분을 차지할 수 있었다고 한다."

사실 여부를 떠나, 13세기에는 '서임권투쟁investiture controversy'으로 피렌체는 교황파인 '구엘프Guelph', 시에나는 황제파인 '기벨린Ghibelline'에 속해 격렬한 대립을 벌였고, 이탈리아 최대의 참극인 '몬타페르티 전투 The Battle of Montaperti'(1260)에서 시에나가 대승을 거두었다. 이 승리를 계기로 검은색과 흰색 대리석을 교차시킨 아름답고 화려한 시에나 대성당 Cathedral of Siena을 1263년에 완공하여, 토스카나 지역을 대표하는 건축물

그림 103 로마네스크와 고딕 양식을 혼합한 시에나 대성당

이 되었다(그림 103).

　시에나 대성당의 완공에 자극을 받은 피렌체는 1295년 피렌체의 수호성녀*Saint Reparata*에게 봉헌한 대성당을 확장하여 신축하기로 결정하였다. '베키오궁*Palazzo Vecchio*'과 '산타 크로체*Basilica di Santa Croce*'를 계획한 아놀포 디 캄비오*Arnolfo di Cambio*에게 디자인을 의뢰하여 투스카니 지역에서 가장 거대한 대성당을 공표하여 착공하였으며, 캄비오의 사망 후 지오토 *Giotto di Bondone*가 이어받아 1334년 거대한 종탑을 착공하였다.

미완의 야망

　피렌체에서 대규모 공사가 진행된다는 소식을 접한 시에나는 처음에는 반신반의하였으나 종탑의 규모를 확인하고 난 뒤 규모의 경쟁을 시작하였다. 피렌체보다 더 큰 규모로 확장하기에 동서방향으로는 불가능하

미완의 완성, 보베 대성당_고딕이 꽃피운 대성당의 시대

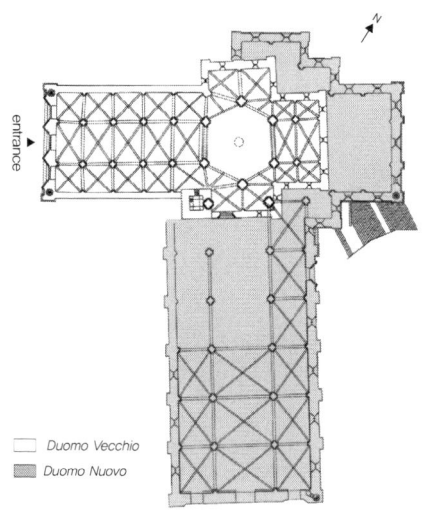

entrance

☐ Duomo Vecchio
▨ Duomo Nuovo

그림 104 남쪽으로 계획된 새로운 대성당

여 고민하던 중, 기존의 건물을 트랜셉트로 활용하고 새롭게 확장된 네이
브를 남쪽 방향에 배치하는 '새로운 대성당Duomo Nuovo'을 신축하는 획기
적인 안을 계획하였다(그림 104).

1339년에 시작된 공사는 8개의 방사형 채플과 앰뷸러토리를 갖춘 프
랑스 하이 고딕평면으로 신속히 진행되었다. 그러나 1348년 유럽 인구
1/3 이상이 감소한 흑사병이 도시를 강타하여 공사를 지속하기 힘든 상황
이 되었다. 공사가 중단되고 건물이 방치되는 동안 야심차게 시작한 건물
의 립 볼트에는 균열이 생기고 기둥들은 기울어지는 심각한 구조적인 문
제들이 발생하였다.

당시 유럽 최고의 건축 전문가들을 선정하여 건물을 진단하였으며, 전
문가 집단에는 훗날 피렌체 대성당 총괄건축가가 되는 탈렌티Francesco
Talenti(c.1300~1369)도 포함되어 있었다. 그의 판단에 따르면, 기존 돔과 새로

운 구조의 결합이 어렵고, 추가 공사에는 150,000플로린*florin*(약 3,000억 원) 이상의 비용이 들 것으로 추정하였다. 흑사병으로 피폐해진 도시의 인구와 재정으로 인하여 1357년 공사를 중단하기로 결정하고, 기존 건물의 동쪽 방향만 진행하여 1370년 새로운 콰이어가 완공되었다.

지금도 시에나 대성당을 방문하면 남쪽 방향에 공사가 중단된 대성당의 흔적과 거대한 규모를 상상할 수 있다. 중앙 네이브와 서쪽 방향의 아일이 위치할 자리는 주차장이 되었으며, 립 볼트를 가진 동쪽 방향의 아일은 박물관으로 사용되고 있다(그림 105). 주 출입구가 설치될 남쪽 파사드는 공들여진 노력의 아픔인지, 언젠가는 완공하고자 하는 열망이었는지, 오랜 세월 비바람을 견뎌내며 도시를 조망하는 전망대의 역할을 하고 있다. 파사드에 만들어진 계단을 따라 전망대에 올라 멀리 보이는 팔라쬬 퍼블리카 *Palazzo Pubblico*를 내려다보면, 당시 눈물을 머금으면서 공사를 중단할 수밖에 없었던 슬픔에 낙담한 시에나 사람들의 모습들이 눈앞에 아른거린다.

그림 105 새로운 대성당의 네이브와 남측 파사드 후면

미완의 완성, 보베 대성당_고딕이 꽃피운 대성당의 시대

새로운 야망

시에나의 '새로운 대성당Duomo Nuovo'이 중단되는 데 결정적인 역할을 한 탈렌티는 피렌체로 돌아와 지오토의 종탑을 2년 안에 완공한 뒤, 1351 년 대성당을 총괄하는 건축가로 임명되었다. 무엇보다도 탈렌티는 아놀 포가 계획한 기존의 평면을 토스카나 지역을 넘어 가장 큰 규모의 교회 건물로 확장하였다(그림 106). 이는 시에나가 대성당 공사를 재개한다고 하 여도, 더 이상 규모 경쟁에서 피렌체를 이길 수 없는 구도를 만들어낸 것 이다. 탈렌티에 의해 전면 앱스와 방사형 채플의 규모가 확장된 것은 분 명하지만, 돔의 크기를 키우기 위한 확장이었는지, 확장된 구성에 따라 돔이 자연스럽게 커지게 된 것인지는 명확하지 않다. 다만 이전에는 볼 수 없었던 거대한 규모의 돔은 피렌체에게 새로운 과제로 남겨졌다.

르네상스 시대를 이끈 위대한 건축가 필리포 브루넬레스키Filippo Brunelleschi(1377~1446)가 등장하기 전까지, 50년 넘는 시간 동안 대성당의 상 부는 판테온Pantheon의 천창oculus보다도 더 개방되어 맑은 날에는 채광과

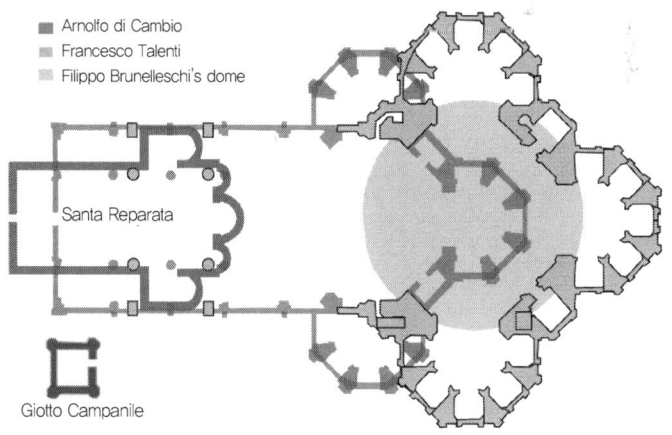

그림 106 피렌체 대성당의 증축 프로세스

환기의 역할을 했지만, 비 오는 날이나 추운 겨울에는 경쟁심의 잘못된 욕망을 추구한 이들을 원망하였을 것이다. "어리석음 때문에 야망이 능력을 넘어서 버렸다."라는 지오바니 데 메디치Giovanni de' Medici의 대사가 아마도 피렌체인들의 가슴에 깊게 울렸을 것이다.

결국 블루넬네스키의 독창적인 이중 돔이라는 획기적인 아이디어를 바탕으로 돔은 1420년에 작업되어 1436년에 '꽃의 산타 마리아 대성당 Cattedrale di Santa Maria del Fiore'으로 탄생하게 되었다. 사실, 엄청난 인력과 경제적인 비용이 소모되는 거대한 돔은 건축가의 창의적인 아이디어에도 불구하고 메디치 가문의 경제력이 없었다면 시에나의 '새로운 대성당'과 보베 대성당의 네이브와 같이 미완성으로 남겨졌을 수 있을 것이다. 완성된 피렌체 대성당과는 달리 높이 경쟁에서 승리하고도 '승자의 저주'와 같이 불완전한 형태로 수백 년의 시간을 인내하고 있는 보베 대성당의 아픈 과거를 더듬어 보도록 하자.

대성당의 화재와 재건축

1144년, 생 드니 수도원의 콰이어가 새로운 양식으로 재탄생하여 축성식을 올리던 순간, 클뤼니 III의 거대한 공간에서 깊은 인상을 받았던 쉬제Suger처럼, 빛의 건축을 직접 체험하였을 젊은 '모리스 드 셀리Maurice de Sully'가 파리 대주교로 임명(1160년)되자마자, 기존의 로마네스크 교회를 철거하고 새로운 양식의 거대한 규모의 공사를 추진한 배경이었을 것이다. 당시 파리를 중심으로 왕권이 강화되고 도시화가 가속되면서 증가하는 신도를 수용하기 위한 필연적인 결정이기도 하겠지만, 왕실 수도원인 생 드니를 넘어서는, 더 높고 더 장대한 '천국의 성전'을 실현하고자 하는 야심이 있었을 것이다.

이러한 흐름은 파리뿐 아니라 주변 도시에서도 유사하게 나타났다. 순례와 십자군 그리고 교역의 활성화는 도시의 확장을 이끌었고, 각 도시의 대성당은 정체성과 위상을 드러내는 건축적 상징이 되었다. 13세기부터는 파리의 대성당을 능가하는 거대한 규모의 대성당이 각지에서 경쟁적으로 건립되었다.

불이 만든 기회?

도시의 랜드마크가 된 기념비적인 대성당 대부분은 노트르담 대성당과 같이 기존 건물을 철거하고 새로운 규모의 건축을 시작한 것이 아니라, 화재로 건물이 소실되어 새로운 양식으로 재건축되었다. 물론 영국 헨리 1세Henry I의 공격으로 불에 탄 바이유 대성당Bayeux Cathedral(1105)처럼 전쟁의 피해도 있었지만, 대부분의 건물에서 화재 원인은 불분명하였다.

샤르트르 대성당Chartres Cathedral(1194 화재), 부르쥐 대성당Bourges Cathedra(1195), 루앙 대성당Rouen Cathedral(1200), 랭스 대성당Reims Cathedral(1210), 아미앵 대성당Amiens Cathedral(1218), 그리고 보베 대성당Beauvais Cathedral(1225) 등 프랑스의 주요 대성당들은 12세기 말에서 13세기 초 사이에 잇달아 화재를 겪으며 새로운 건축으로 이어졌다.

화재의 원인은 명확하지 않지만, 로마네스크 교회의 낮은 천장과 작은 창으로 인해 촛불이나 횃불에 의존했으며, 목재 구조물이 많아 화재 위험이 상존하였다. 특히, 부활절과 크리스마스를 포함한 축일에는 많은 촛불과 행렬이 동반되었으며, 고인을 매장하기 전날 밤 철야기도와 야간집회를 위한 봉납용 양초는 장시간 사용되었기 때문에, 인파로 붐빈 공간에서

실수로 화재가 발생했을 가능성이 컸을 것이다. 그러나 유난히 비슷한 시기에 대규모 화재가 집중되었고, 화재의 원인이 대부분 불분명한 것을 보면 방화의 가능성도 무시할 수는 없을 것이다. 화재 이후 재건축된 건물이 이전보다 훨씬 웅장한 새로운 양식으로 진행된 점은 더욱더 의혹을 품게 만든다. 화재가 단순 사고였는지, 혹은 도시와 주교의 야심에 의해 재건의 계기로 삼으려는 무언의 동기가 작용했는지는 남겨진 기록이 없어 정확히 알 수 없다.

아미앵 대성당의 사례는 이러한 의심을 단적으로 보여준다. 12세기 초 도시 전체를 휩쓴 첫 번째 화재와, 그 중반에 일어난 또 다른 화재 이후 로마네스크 양식의 대규모 석조건물(1137~52)로 재건되었다. 1206년, 제4차 십자군 전쟁에서 획득한 세례요한Saint John the Baptist의 두개골 유물이 기증되면서 중요한 순례지로 급부상했다. 밀려드는 순례객을 수용할 방법을 고민하던 중 1218년 다시 원인 불명의 화재가 발생하자, 마치 이를 기다린 듯이 파리 대성당의 두 배에 달하는 규모의 공사가 곧바로 시작되었다고 한다.

일반적으로 번개와 같은 자연재해에 의한 화재를 제외하고, 교회 내부의 화재는 주로 제단과 예배가 거행되는 콰이어choir에서 발생한다. 화재 이후에는 유물의 봉헌과 예배를 위하여 콰이어부터 완공하고 네이브를 시작하는 데 반해, 아미앵은 네이브부터 공사를 착공하여 콰이어 방향으로 진행한 것을 보면, 콰이어가 상대적으로 피해가 적었다는 의미일 수 있다. 다시 말해, 네이브가 집중적으로 손상되었다는 점은 이 화재가 단순한 사고가 아니었을 가능성을 암시하며, 화재의 원인을 의심스럽게 만든다.

경쟁과 야망의 불꽃

아미앵 대성당의 웅장한 재건을 목격한 보베의 주교와 시민들은, 현재도 대성당의 서쪽에 남아 있는 시골 마을의 교회와 같은 옛 건물 '바쓰 외브흐Basse Œuvre'를 보며 초라함을 느꼈을 것이다(그림 107). 하지만 불행인지 다행인지, 1225년 보베 대성당 역시 화재를 겪게 되었다. 기록이 충분하진 않지만, 건물 일부가 오늘날까지 남아있는 점으로 보아 대규모 화재는 아니었을 가능성이 있다. 그러나 강력한 정치적 영향력을 지녔던 귀족 출신 주교(밀롱 드 낭퇴유Milon de Nanteuil, 재임 1218~1234)는 아미앵 대성당보다 더 높고 웅장한 대성당을 건축하려는 야심을 품고 새로운 대성당의 건축을 바로 시작하였다.

보베의 역사

파리 북쪽 약 75km 지점에 위치한 보베Beauvais는 인구 5~6만 명 규모의 중소도시로, 우아즈Département de l'Oise주의 행정 중심지이다. 세속권과

그림 107 (좌) 옛 건물(Basse Œuvre, 19c 그림), (우) 로마네스크 양식의 파사드

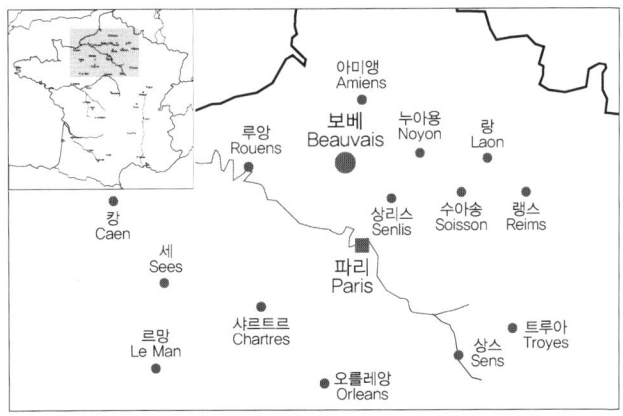

그림 108 보베와 주변 지역

교회권을 동시에 지닌 주교좌 도시로 오랜 명성을 이어온 '보베의 대성당 *Cathédrale Saint-Pierre de Beauvais*'은 누아용Noyon과 상리스Senlis 교구를 포함한 주교좌 교회로 성 베드로에게 봉헌한 대성당이다.

성직자 기본법과 교구 통합

초기 고딕 건축을 대표하는 누아용과 상리스 대성당은 1790년 프랑스 혁명정부가 제정한 『성직자 기본법Constitution civile du clergé』에 따라 로마 교황청과의 관계에서 분리되고, 주교의 수가 대폭 축소되면서 주교좌 지위를 상실하였다. 이 법은 시민이 직접 주교와 교구 사제를 선출할 수 있도록 함으로써, 종교와 국가의 관계에 중대한 전환점을 마련한 제도였다. 이후 나폴레옹과 교황 피우스 7세Pius VII 간의 '종교협약Concordat of 1801'이 체결되면서, 보베 교구는 아미앵 교구에 편입되고 교회 재산 및 토지에 대한 권리도 박탈당하였다. 그러나 왕정복고 이후, 1822년 보베 교구가 재설립되었으며, 1851년에는 누아용과 상리스 교구가 보베로 통합되어 오늘날의 보베 교구 체계를 갖추게 되었다.

보베의 주교 백작

11세기 이후 프랑스 왕권은 교회 권력과 세속 권력을 통합하여 중앙 집권을 강화하고자 여섯 명의 주교와 여섯 명의 세속 귀족으로 구성된 '프랑스의 가신Paire de France'을 임명하여 귀족 작위를 부여하였다. 랭스 대주교는 공작Duke의 작위를 부여받아 제1 귀족의 위상을 가졌고, 보베의 주교는 백작Count의 지위를 가진 '주교 백작Bishop-Count of Beauvais'으로 임명되었다. 왕권과 밀접한 관계를 유지하면서 강력한 권력을 가진 보베의 주교 백작Comte-Évêque은 랭스 대성당에서 집전되는 프랑스 왕의 대관식에서도 중요한 역할을 담당하였다. 대관식에서 왕의 신성을 강조하는 '성유를 바르는 예식'은 다섯 명의 주교에게만 부여하였는데, 머리는 랭스 대주교, 가슴은 랑Laon 주교, 왕의 힘과 정의를 상징하는 오른팔은 보베 주교가 행하였다.

종교적 직무를 수행하면서 동시에 강력한 세속 권한을 지닌 보베 주교는 십자군 원정에도 적극적으로 참여하였다. 1차 십자군 원정부터 프랑스 왕과 함께 예루살렘 탈환을 목표로 참전했으며, 심지어 3차 원정에 참여한 주교(필리프 드 드뢰Philippe de Dreux)는 왕을 수행하는 역할을 넘어 전투에 직접 참여하는 기사도 정신을 발휘하였다. 새로운 대성당을 지시한 후임 주교(밀롱 드 낭퇴유Milon de Nanteuil)는 젊은 시절부터 십자군 원정에 참여하였으며, 주교직에 오르자마자 5차 십자군과 알비 십자군전쟁Albigensian Crusade에 참전하였다. 특히 알비 십자군전쟁에서는 루이 8세의 임종을 곁에서 지킨 종교적인 열정과 강력한 권력을 가지고 있었다.

그가 십자군전쟁 중 마주했을 고대 로마 유적과 비잔틴 제국의 하기아 소피아Hagia Sophia와 같은 장엄한 건축물은, 대성당 화재 이후 구상하게 된 새로운 성전의 이상형이었을지도 모른다. 따라서 노트르담 대성당의 두 배에 달하는 규모로 재건 중이던 아미앵 대성당을 넘어, '지상 최대의 성전'을 착공할 것을 지시하였을 것이다.

대성당의 시대를 향하여

1225년 화재 이후, 보베 주교의 지시에 따라 지체 없이 대성당의 재건에 착수하였으나, 이 시기의 건축과 관련된 문헌은 거의 남아 있지 않고, 고고학적 연구도 제한적이다. 현재까지 확인된 자료와 연구에 따르면, 화재로 심각하게 훼손된 동쪽 구조물을 철거하고, 지면 아래 10m 이상 깊이의 암반 위에 새로운 기초를 마련한 후 북서쪽부터 공사가 시작한 것으로 보인다.

마스터 메이슨: 고딕 건축의 완성자

대성당의 방대한 규모와 공사의 복잡성을 고려할 때, 초기 건축을 이끈 '마스터 메이슨master mason'은 당시 최고의 기술력을 지닌 장인이었을 것이다. 그는 20년 동안 콰이어choir 내부를 트라이포리엄triforium까지 완성하였으며, 반원형 슈베chevet에는 일곱 개의 방사형 채플을 포함한 내부 아일aisle 높이까지 건축한 후, 1245년 무렵 두 번째 마스터에게 공사를 넘겼다고 전해진다.

현대적 의미의 '건축가architect'는 르네상스 이후에야 정립된 개념이며, 고딕 시대의 건축은 주교가 대략적인 규모와 방향성을 의뢰하면, 세부

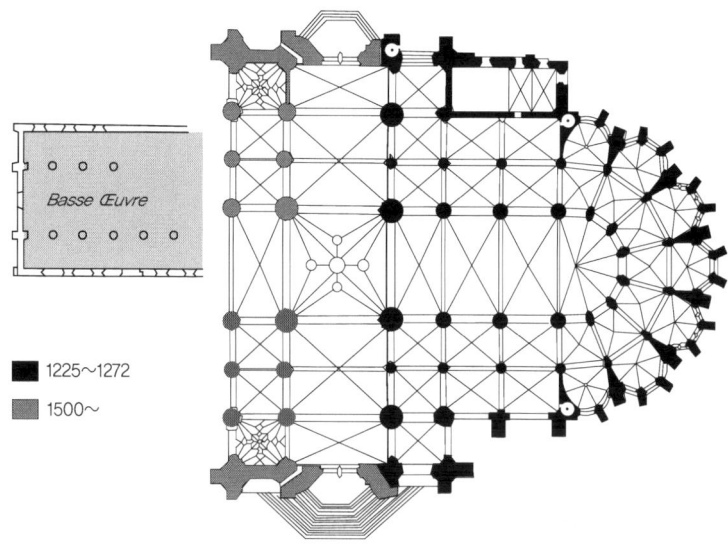

Basse Œuvre

■ 1225~1272
■ 1500~

그림 109 보베 대성당 내부 평면

계획과 실제 시공은 석공 길드mason's guild의 최고 장인인 '마스터 메이슨 master mason'이 총괄하였다. 이들은 설계자이자 현장 책임자, 기술자이자 예술가로서, 오늘날 건축가와 같이 전문지식과 경험을 바탕으로 공사를 총괄하였다.

르네상스 이후의 건축에서는 미리 설계된 도면을 바탕으로 공사를 진행하다 건축가의 사망이나 중단되어도, 후임 건축가가 기존 계획에 문제가 있거나 변경을 요구하는 경우를 제외하고는 기존 계획을 존중하여 완공하는 것이 일반적이다. 그러나 고딕 시대에는 후임 마스터가 기존 길드 내부의 '준장인Journeyman' 출신이면 선임자의 계획을 비교적 충실하게 계승하겠지만, 외부에서 새롭게 영입된 마스터의 경우, 새로운 기술과 양식을 적용하여 자신만의 방식으로 공사를 진행하였다.

새롭게 공사를 총괄하게 된 두 번째 마스터가 5년 동안 별다른 특징 없

제9장 미완의 완성, 보베 대성당

이 공사가 더디게 진행된 것을 보면, 아마도 길드 내부에서 선임된 후임자의 능력이 다소 부족하여 새로운 전문가를 물색하는 데 시간이 소요되었기 때문이거나, 보베 주교와 프랑스 왕실 간의 불편한 관계로 인하여 후원금 부족이 원인이었을 수 있을 것이다.

새로운 주교와 세 번째 마스터

새롭게 취임한 주교Guillaume de Grez(재임 1249~1267)는 프랑스 왕실과의 관계를 회복한 후, 1250년에 세 번째 마스터 메이슨master mason을 선임하여 콰이어choir 상부의 공사를 지시하였다. 그는 당시 세계에서 가장 높은 아미앵 대성당의 네이브(42m)를 능가하는 47.5m의 높이로 건축할 것을 명령하였다고 전해진다(그림 110). 이러한 높이는 아미앵보다 더 높게 건축하고

Amiens Elevation   Beauvais Elevation   Amiens Section   Beauvais Section

그림 110 아미앵 대성당과 보베 대성당의 높이 비교

미완의 완성, 보베 대성당_고딕이 꽃피운 대성당의 시대

자 하는 단순한 경쟁심을 넘어, 『요한계시록The Book of Revelation』에서 묘사
한 세상의 종말 이후 하나님께서 마련하신 완전하고 영원한 도시인 '천상
의 예루살렘Celestial City 또는 Heavenly Jerusalem'을 지상에 구현하고자 한 신
학적 상징성을 추구한 것으로 보인다.

『요한계시록』에서 묘사한 새로운 도시는 다음과 같다.

> "… 거룩한 성 새 예루살렘이 하나님으로부터 하늘에서 내려오니 …
> 길이와 너비와 높이가 모두 12,000 스타디온(stadion은 stadium의 그리스어, 약
> 150~210m)이다. … 그 성곽을 측량하니 144큐빗(cubit은 팔꿈치에서 손끝까지의
> 거리로 약 45cm)이니…"

『요한계시록』에는 상징적인 수들이 많이 나오는데 주로 12의 배수로
이스라엘의 12지파와 12사도를 상징하고 있으며, 성곽의 크기를 묘사한
144는 천상의 도시를 보호하고 세속과 구분하는 경계의 벽을 의미하는 것
으로 해석한다. 따라서 보베 대성당의 가로 폭과 높이가 144피트(royal feet,
중세 프랑스의 피트, 약 32.4cm)인 것 역시 이러한 상징적 수치에 따라 계획된 것
으로 보인다.

쉬제 수도원장과 같이 자신의 건물에 신학적 상징성을 부여한 주교는
파리 대학교에서 박사 학위를 받은 후 취임 직전에 완공된 프랑스 왕립예
배당인 생트 샤펠Sainte-Chapelle(1242~1248)을 방문하여, 물질적인 요소가 제
거되어 빛으로 충만한 천상의 건축을 경험했을 것이다. 이를 바탕으로,
폭 144피트, 높이 144피트의 완전한 정사각형 공간을 지닌 콰이어를 건축
하여, 스테인드글라스를 통해 하늘의 빛으로 가득한 '천상의 도성'을 시각
적으로 구현하고자 한 것 같다(그림 111).

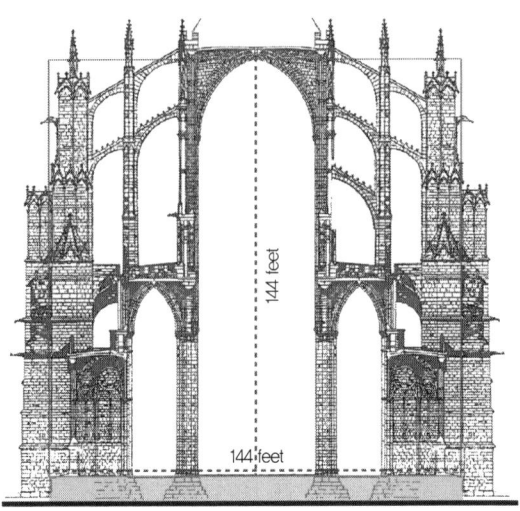

그림 111 폭 144피트, 높이 144피트의 정사각형 공간으로 구성된 대성당 내부

건축 관련 기록이나 작업일지가 남아 있지 않아 공사의 세부 경과를 정확히 알 수는 없지만, 제3의 마스터는 전임자가 구축한 30m 높이의 트라이포리엄 위에 볼트를 지지하는 가는 기둥colonnette 외에는 벽면을 스테인드글라스로 채워 완벽한 하이 고딕 양식의 클리어스토리clerestory를 실현하고자 노력한 것으로 보인다.

최고 높이의 볼트를 완성하기 위하여 그 누구도 가보지 못한 길을 개척한 마스터는, 보베 대성당이 착공된 지 47년 만인 1272년 10월 3일 콰이어를 완공하여 새로운 역사를 만들었다. 그러나 하늘을 향한 인간의 도전이 늘 그렇듯, 이 장대한 성취는 이후 시작될 보베 대성당의 불행을 예고하는 서막이기도 하였다.

대성당의 붕괴: 무너진 꿈

비록 콰이어choir만 완공된 상태였지만, 지난 12년 동안 보베의 시민들은 빛으로 충만한 '천상의 성전'에 들어설 때마다 경외심에 사로잡혔고, 언젠가 아미앵을 능가하는 완전한 대성당을 상상하였을 것이다. 그러나 1284년 11월 29일 목요일 밤 8시경, 저녁 예배를 마치고 도시가 고요에 잠기던 순간, 정적을 찢는 굉음과 함께 그 꿈은 산산이 무너졌다.

기록에 따르면, 외부 플라잉 버트리스의 붕괴가 내부 콰이어의 볼트 붕괴로 이어졌다고 한다. 이로 인해 스테인드글라스 창은 산산이 부서지고, 귀중한 성유물들이 파괴되었으며, 이후 40년 가까이 예배가 중단되었다. 무너진 건물을 바라보며 허탈한 마음을 추스르는 데는 많은 시간이 필요하지 않지만, 붕괴의 원인과 문제점을 분석하고 새로운 방안을 마련하는 것과 더불어, 무엇보다 이중으로 투여될 엄청난 공사금액이 주교의 머릿속을 복잡하게 하였을 것이다.

붕괴의 원인과 가설

1284년 붕괴 이후, 정확한 공사 기록이나 피해 규모가 남아 있지 않아 원인을 둘러싼 다양한 가설들이 제기되었다. 그중 가장 일반적으로 받아들여지는 견해는 과도한 높이에 비해 기둥 간격이 지나치게 넓고, 이를 지지하는 외부 플라잉 버트리스의 배치가 구조적으로 부적절하였다는 것이다.

붕괴는 콰이어 남측 두 번째 베이bay를 중심으로 발생하였으며, 이 베이의 기둥 간격은 8.78m로 인접한 다른 베이들보다 넓고, 아미앵 대성당의 같은 위치(7.58m)보다도 크다. 일반적으로 가장 넓은 폭을 가지는 트랜

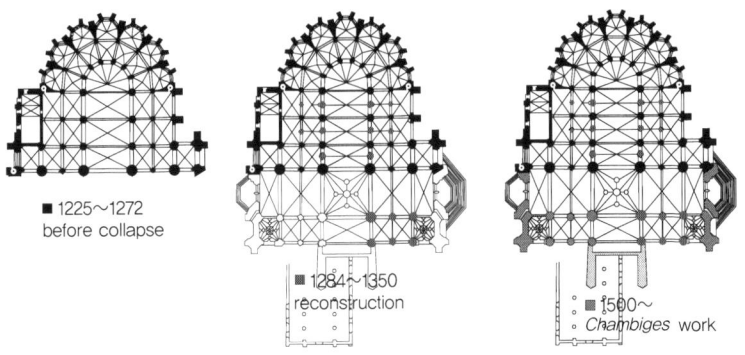

그림 112 보베 대성당 재건축 진행과정

셉트와 맞닿은 첫 번째 베이는 7.85m로 오히려 좁으며, 아미앵의 동일 지점(8.58m)보다도 작다. 재건 시에는 과도하게 넓은 베이의 구조적 약점을 보완하기 위하여, 6분 볼트로 변경하고 기둥을 추가하여 베이를 두 개로 나누어 간격을 줄였다(그림 112).

구조적 붕괴는 두 번째 베이를 지지하던 플라잉 버트리스에서 시작되어 연쇄적으로 볼트와 남측 콰이어 부분이 무너졌고, 이후 남측 버트리스는 원형이 보존된 북측보다 낮은 높이로 재건되었다. 특히, 볼트 하중을 지지하던 상부 두 개의 플라이어flyer는 구조적인 기능을 하였으나, 클리어스토리 하부에는 횡력을 지탱하는 보조 플라이어가 존재하지 않았다. 또한, 아일aisle 상부에 설치된 중간 플라잉 버트리스intermediate flying buttress는 중심 축에서 과도하게 이탈해 '오버행porte-à-faux' 현상을 보이며 구조적으로 불안정한 형태를 띠고 있었다(그림 113).

여기에 더해, 고딕 건축 최초로 유리로 개방된 트라이포리엄triforium을 구현하기 위해 벽체를 제거하고 트레이서리tracery 패널을 삽입하면서 아일 상부에는 사선 지붕이 아니라 피라미드형의 삼각 지붕이 설치되어 측

미완의 완성, 보베 대성당_고딕이 꽃피운 대성당의 시대

그림 113 (좌) 플라이어의 부족과 '오버행', (우) 개선안

면의 힘을 지지하지 못하고 있다. 그럼에도 불구하고 건물이 완공되자마자 무너지지 않고 12년 동안 별다른 징후 없이 사용한 것을 보면 이러한 구조적인 결함이 건물의 안정성에는 영향을 미치지 않았으며, 붕괴를 설명하기 어렵게 만든다.

오컴의 면도날과 외부 요인

논리의 경제성을 주장한 '오컴의 면도날Occam's Razor'과 같이 불확실한 가정을 제거하면, 단일 재료로 구성된 석조 구조물이 12년간 문제 없이 유지된 것은 외부 요인이 없다면 비교적 안정적이었을 가능성이 크다. 즉, 붕괴는 외부의 충격이나 느리게 누적된 구조적 피로에 의한 가능성이 크다. 폴 프랑클Paul Frankl과 같은 고딕 전문가는 붕괴의 원인이 볼트의 높이가 아니라 부적절한 기초에 의한 것으로 주장하였으나 부동침하는 없는 것으로 조사되었다.

비올레 르 뒤크는 중세의 회반죽mortar이 굳는 데 시간이 오래 걸리고 수년 또는 수십 년에 걸쳐 수축하는 경우도 있어 미세한 변화가 붕괴의 원인이 되었다고 주장하였다. 물론 타당한 가설이지만 전체 건물에 영향을 미치지 않고 남측의 버트리스에서만 붕괴가 발생하였으며, 거의 유사한 모르타르를 사용하였을 아미앵 대성당에서는 같은 문제가 나타나지 않았다.

가장 설득력 있는 가설은, 붕괴 당시 겨울철 강풍이 반복적으로 남측 플라잉 버트리스를 흔들어 구조적 피로를 누적시켰고, 이것이 붕괴의 결정적 원인이 되었다는 주장이다. 실제로 이후의 재건에서는 붕괴되지 않은 플라잉 버트리스와 슈베chevet의 구조물들을 철재 바bar로 서로 연결하여 구조를 보강하고 풍력을 대비하였다(그림 114).

그림 114 철재 바로 연결된 슈베의 플라잉 버트리스

미완의 완성, 보베 대성당_고딕이 꽃피운 대성당의 시대

이 사건 이후, 고딕 건축가들 — 마스터 메이슨 — 은 극단적인 높이와 구조체의 경량화가 석조 구조의 한계를 초과하였다고 생각하면서 자신의 경험과 기술을 재점검하고 건물 내부의 높이 경쟁에서 고개를 외부로 돌려 탑의 경쟁으로 방향을 전환하게 되었다. 따라서 보베의 붕괴는 단순한 실패가 아니라, 고딕 건축의 전환점을 상징하는 경고이자 교훈이었다.

보베 대성당의 복구

2019년, 파리 노트르담 대성당의 첨탑이 불길에 휩싸여 붕괴된 장면은 전 세계인에게 충격을 안겼다. 19세기 비올레 르 뒤크에 의해 복원된 목재 첨탑과, '숲La Forêt'이라 불리는 목조 트러스 구조의 지붕은 전소되었으나, 다행히 석재 볼트는 일부분만 무너져 내렸다. 화재 직후 72시간 만에 약 8억 5천만 유로의 기부금이 모였으며, 현재는 10억 유로가 넘는 기금

그림 115 노트르담 대성당의 화염에 휩싸인 중앙 첨탑(2019)

이 조성되어, 세계인의 문화유산에 대한 국제적 연대를 보여주었다. 이러한 관심과 지원 속에서도 복원에는 최소 5년이 소요되었으며, 공사는 여전히 진행 중이다. 이에 비해 보베 대성당의 피해규모가 더 크고 구조적으로 불안정하며 이중의 자금이 필요한 상황을 고려하면, 복구는 예상 외로 빠르게 진행된 것 같다.

이상과 현실 사이의 복원

고딕 대성당과 같은 역사적 건축물을 복원하는 데 있어 가장 큰 어려움은 건물에 대한 기록과 도면이 없으며, 수백 년 동안 보수 및 복구로 인하여 건물의 원형을 정확하게 알 수 없는 것이다. 이는 화재로 전소된 노트르담 대성당의 중앙 첨탑도 예외는 아니다. 13세기에 세워졌던 첨탑은 프랑스혁명기에 왕권의 상징이라는 이유로 철거되었고, 19세기 중반 비올레 르 뒤크가 아미앵 대성당의 첨탑을 참조하여 재설계한 것이다. 그의 복원은 '과거에 충실한 복원'이면서도 자신의 해석이 반영된 '재창조물'이라는 비평이 항상 따라 다녔다. 이러한 비판과는 관계없이 혁명으로 상처 가득한 폐허와 같은 건물을 전 세계인의 문화재로 만들어 고딕의 향기를 느끼도록 해주었으며, 대성당이 화염에 휩싸이기 전까지는 아무런 문제가 없었다.

첨탑의 원형을 정확하게 모르는 상황에서 첨탑 복원을 둘러싸고 유리, 정원, 빛의 탑 등 새로운 시대적 메시지를 담은 현대적 제안들이 쏟아졌지만, 최종적으로 프랑스 문화재위원회는 비올레 르 뒤크의 19세기 작품을 그대로 복원하기로 결정하였다. 아이러니하게도, "복원이란 과거의 이상을 재해석하는 창조적 작업"이라고 말하며 역사적 정확성보다는 이상적 재창조를 주장한 19세기 복원안이 이제는 '역사적 원형'으로 받아들여지고 있는 셈이다.

이상적인 복구

보베 대성당은 붕괴 이후 복구 과정에서 원형 보존보다는 기존 구조물의 손상을 최소화하고, 빠른 시간 안에 효율적이고 경제적으로 공사를 완수하는 데 집중한 것으로 보인다. 디테일한 분석에 따르면, 콰이어의 트라이포리엄에서 상부 볼트까지는 완전히 재건되었지만, 슈베와 아케이드 일부는 원형을 그대로 유지하였으며, 부분적으로 파괴된 볼트는 4분 볼트quadripartite vault에서 6분 볼트sexpartite vault로 완전히 새롭게 재건축하였다(그림 116). 이는 마치 초기 고딕으로 역행하는 것 같이 느껴질 수 있으나, 넓은 베이를 축소하고 볼트로부터 하중을 분산하여 구조적으로 안정화를 추구하기 위한 가장 합리적인 방안이었을 것이다. 붕괴로부터 살아남은

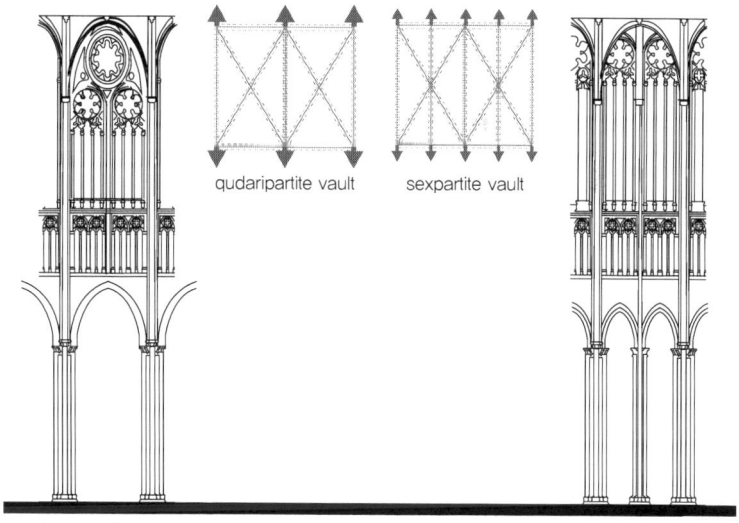

그림 116 4분 볼트에서 6분 볼트로 변경

볼트는 철거 없이 재활용할 수 있지만, 6분 볼트로 변경되면서 재가공하였기 때문에 정확한 붕괴의 범위와 기존의 것을 구분하기는 쉽지 않다.

남측 콰이어의 클리어스토리 창문은 동측의 붕괴되지 않은 창호보다 높이가 낮으며, 분리된 창호의 트레이서리 패턴도 좌우가 동일하지 않다. 이러한 차이는 창문 트레이서리 장식을 작업한 석공이 동일 인물이 아닐 가능성일 수도 있지만, 아마도 붕괴 후 살아남은 재료를 재사용한 결과일 것이다. 만약 이것이 재사용된 트레이서리라면 기존의 형태를 추측할 수 있는데, 우측의 패턴과 같이 중앙 상부에 원형 창과 하부에 규모가 적은 두 개의 원형 창, 그리고 그 아래에 각각 3개의 랜싯 창이 있는 창문으로 구성되었을 것이다(그림 117). 따라서 중앙 부분에 버트리스를 설치하면서

그림 117 남측 콰이어의 재건축된 클리어스토리 창문과 슈베의 기존 창문

미완의 완성, 보베 대성당_고딕이 꽃피운 대성당의 시대

제거된 상부 원형 창을 상상하면 지금의 낮은 높이가 이해되며, 이러한 창호 높이의 변화는 건물 내부 아케이드에서 쉽게 확인할 수 있다(그림 130).

6분 볼트와 입면의 변화

대부분의 프랑스 고딕 대성당처럼, 보베 대성당의 콰이어choir 또한 직선적인 베이bay 구성으로 이어지다가 슈베가 형성되는 제단 후면부에서 반원형의 '헤미사이클hemicycle'로 전환된다. 직선에서 반원형으로 전환되면서 입면의 흐름은 그대로 유지하지만 곡면을 만들어내기 위하여서는 베이의 간격을 줄여야 한다. 보베 대성당은 붕괴 이후 6분 볼트sexpartite vault로 변경되면서 기존 베이bay 사이에 새롭게 설치한 기둥은 헤미사이클 베이의 폭만큼 축소되어 전체적인 입면의 흐름이 자연스럽게 보인다(그림 126,130).

하지만 단일 아치로 구성되어 있던 대형 아케이드는 두 개의 아치로 분할되면서 아치의 높이가 전면의 헤미사이클 아치들보다 낮아졌으며, 빈 공간은 벽체와 기둥으로 채워졌다. 흥미롭게도 기존 아치의 윤곽은 남겨두어 거대했던 아치의 규모를 시각적으로 암시하고 있다. 특히 남측 2번째와 3번째 베이에는 막힌 트레이서리 원형 창이 남아 있고, 그 위로 볼트 기둥이 설치되어 있다. 이는 장식적 효과가 줄어드는 구성임에도 불구하고, 기존 아치의 존재를 암시하거나, 성모 마리아의 상징인 장미창을 '부적'처럼 배치하여 대성당의 안전을 기원하였을 수도 있을 것이다(그림 130).

공사의 중단과 보베의 영웅

1284년 붕괴 이후 콰이어의 보수는 1337년경에 완료하였다고 하지만, 이는 붕괴 이전의 상태로 복원만이 진행된 것이고 대성당 공사가 완료된 것은 아니다. 1337년에 완료하였다고 기록된 것은, 1337년에 시작하여 1453년까지 지속된 프랑스와 영국 간의 100년 전쟁The Hundred Years' War 과 1348년부터 유럽 전 지역으로 확산된 흑사병으로 공사가 중단되었기 때문이다. 전쟁으로 공사가 중단되기 전 남측 방향의 트랜셉트 기둥이 설치된 것을 보면 전쟁이 아니었으면 공사는 순조롭게 진행되었을 것이다.

　백년전쟁 동안 보베는 노르망디와 파리를 잇는 교통 및 군사적인 요충지로 여러 차례 격전이 벌어졌으며, 종전 후에도 부르고뉴 공국duc de Bourgogne(현재의 벨기에와 북동 프랑스 일대)은 영국과 동맹을 맺고 프랑스 왕권에 위협이 되었다. 1472년, 부르고뉴 공국의 샤를 1세Charles le Téméraire가 보베를 공격하자, 백년전쟁의 영웅 잔 다르크Jeanne d'Arc에 버금가는 한 여성이 전설처럼 등장하였다. '손도끼의 잔Jeanne Hachette'으로 불리는 잔 레스네Jeanne Laisné는 성벽에 부르고뉴의 깃발을 꽂으려던 병사를 도끼로 격퇴하고 깃발을 끌어내렸다고 전해진다. 이 용맹한 행동은 시민들의 사기를 고무했고, 보베를 구한 상징으로 기억되었다. 1920년에 잔 다르크가 성녀로 시성될 때 보베의 영웅 잔 아셰트 또한 추천되었으나 종교와 연관된 공적이 없어 시성되지 못하였으며, 대성당 내부에서도 흔적을 발견할 수 없다. 그러나 보베의 '잔 아셰트 광장Place Jeanne Hachette'에 들어서면 손도끼를 용맹하게 휘두르는 그녀를 만날 수 있으며, 6월 마지막 주말에는 보베에서 가장 중요한 '잔 아셰트 축제Fêtes Jeanne Hachette'를 즐길 수 있다.

미완의 완성, 보베 대성당_고딕이 꽃피운 대성당의 시대

150년 후, 작업 재개

샹비주와 플랑부아양 장식

부르고뉴 공국과의 전쟁을 종식하는 데 결정적인 역할을 한 보베는 프랑스 왕실의 적극적인 지원으로 당시 최고의 건축가인 마르탱 샹비주 *Martin Chambiges*(c.1460~1532)를 영입하여, 1500년 5월에 중단된 공사를 재개하였다. 샹비주는 상스 대성당Sens Cathedral의 단조로운 트랜셉트 입면을 플랑부아양 고딕Flamboyant Gothic의 섬세하고 화려한 형태로 완전히 변모시킨 인물로, 보베에서는 거대한 단일 포털portal과 불꽃 모양의 트레이서리로 구성된 장미창rose window으로 트랜셉트를 완성해나갔다. 1500년을 전후하여 플랑부아양 장식으로 트랜셉트나 메인 파사드의 입면을 교체하는 작업이 성행하던 시기로, 아미앵 대성당의 화려한 트랜셉트의 장미창도 이 당시 재건축된 것이다.

그림 118 (좌) 트루아 대성당의 서측 파사드, (우) 상리스 대성당의 남쪽 트랜셉트

이 시기부터 고딕 건축은 무명의 마스터 메이슨들이 주도하던 시대를 지나, 샹비주처럼 자신의 이름을 내세운 전문 건축가들이 한 작업장에 소속되지 않고 여러 도시의 공사를 병행하는 시대가 되었다. 샹비주는 보베 대성당 이외에도, 트루아 대성당Troyes Cathedral의 서측 파사드(1502), 상리스 대성당Senlis Cathedral의 남쪽 트랜셉트(1520년경)를 동시에 작업하였다(그림 118). 그의 사후에는 아들이자 현재 파리 샹비주 거리rue Chambiges의 주인공인 피에르 샹비주Pierre Chambiges(c.1490~1544)와 그의 후계자에 의해 1548년경에 트랜셉트가 완공되었다.

새로운 도전: 첨탑

트랜셉트가 완공되고 난 뒤 대성당의 완성을 위하여 네이브 공사를 진행해야 하는 시점에 교회 당국은 예상치 못한 결정을 내렸다. 대성당의 상징성과 하늘을 향한 염원을 극대화하기 위해 중앙 교차부crossing 위에 '첨탑flèche'을 세우기로 한 것이다. 아마도 여러 요인이 있을 수 있지만, 1528년 벼락으로 아미앵 대성당의 첨탑이 붕괴된 후 프랑스에서 가장 높은 112m로 재탄생하였기 때문이다. 높이 경쟁에서 승리하였지만, 붕괴의 아픔을 겪은 보베인들에게 200여 년의 시간은 아픔을 치유하는 반성의 시간이 아니라 망각의 시간이었던 것 같다. 대성당의 완성보다는 아미앵과의 경쟁과 자존심을 위하여 첨탑이 우선순위로 바뀌는, 비이성적인 결정을 내렸다.

1560년경 완공된 153m의 첨탑은 당시 세계에서 가장 높은 건축물이 되어 맑은 날 탑 꼭대기에서는 파리의 노트르담까지도 보였다고 전해진다. 목재 구조에 납으로 외피를 씌운 첨탑은 수직성을 극대화하여 대성당의 외관을 더욱 웅장하게 하는 상징적인 요소로 교회당국과 시민들의 자

그림 119 보베 대성당의 153m 첨탑*flèche*
(by *Desjardins*)

궁심을 높여주었을 것이다. 그러나 영광은 오래가지 않았다. 완공된 뒤
거의 10년이 되어가는 첨탑이 갑자기 붕괴되었다. 다행히도 예배 중이 아
니었기 때문에 인명 피해는 거의 없었지만 하늘을 향한 꿈은 또다시 무너
져 내려버렸으며, 연대기는 당시의 상황을 이렇게 전하고 있다.

"1569년 4월 30일 정오, 대성당의 거대한 첨탑이 굉음을 내며 무너졌
고, 스테인드글라스 창과 볼트를 부수며 도시 전체를 공포에 빠뜨렸다."

붕괴의 원인은 여러 가지 있을 수 있지만, 탑이 너무 높고 가늘어 엄청
난 풍력을 견뎌내야 했으며, 구조물 자체는 가벼운 목재이지만 외부는 납

제9장 미완의 완성, 보베 대성당

으로 덮여 있어 엄청난 무게를 하부의 기둥이 지지하여야 했기 때문이다. 특히 네이브가 완공되지 않은 상황에서 교차부 기둥만으로 하중을 감당하기엔 역부족이었을 것이다. 결국 두 번의 결정적인 붕괴를 경험한 보베 대성당은 고딕의 야망과 한계를 보여주는 상징이 되었다.

고딕의 종말, 살아 있는 교훈

첨탑이 완공된 후 9년이란 기간은 네이브 공사가 충분하게 진행하였을 기간인데도 불구하고 전혀 진척 없이 붕괴 원인 중 하나가 되었다는 것은 다소 의문스럽다. 최고의 높이를 향한 야망의 실현으로 열정이 식었기도 하겠지만, 무엇보다도 첨탑 건설에 많은 자금이 소요되어 네이브 공사를 위한 자금 확보와 위그노교도Huguenots와 종교전쟁(1562~1598)이 공사 재개의 걸림돌이 되었을 것이다. 이러한 배경 속에서 첨탑 붕괴는 단지 물리적 손실이 아니라, 고딕의 '끝없는 상승'에 대한 신념마저 무너뜨린 사건이었다.

19세기 고딕 복원운동이 일어나면서 프랑스혁명으로 폐허가 된 대성당들이 복원되고, 심지어 600년 넘게 미완으로 남았던 '쾰른 대성당 Cologne Cathedral, *Kölner Dom*'조차 완공되었지만, 보베 대성당은 끝내 완성되지 않았다. 첨탑도 네이브도 없는 보베 대성당은 이제 '완성된 건축'이 아니라 고딕 건축의 야망과 한계를 상징하는 살아 있는 교훈으로 남게 되었다.

보베 대성당을 향하여

제 10 장

보베 대성당을 향하여

서쪽 광장과 낯선 진입

파리의 노트르담을 비롯한 대부분의 고딕 대성당은 웅장한 쌍탑과 화려한 장식이 어우러진 서쪽 광장을 향해 들어서게 된다. 보수와 재건을 반복하며 세월의 흔적을 고스란히 간직하고 있는 대성당을, 일상을 오가는 지역 주민의 무심한 시선이나, 스쳐 지나가는 여행자의 호기심이 아니라, 구원의 갈망을 품고 먼 길을 걸어 도착한 순례자의 시선으로 마주한다면, 어느 정도 중세인의 감정을 공유하며 고딕 건축이 추구한 이상을 보다 깊이 이해할 수 있을 것이다.

이렇게 고딕 대성당을 체험하고 난 뒤, 사전 정보 없이 보베 대성당에 도착하면 서쪽의 광장이 아니라 동쪽의 거대한 외부 플라잉 버트리스들이 침엽수 숲처럼 솟아 있는 광경을 먼저 마주하게 된다(그림 120). 고딕 건축 특유의 수직성과 구조적 긴장감이 만들어내는 압도적 풍경에 감탄하며 서쪽 광장을 향해 발걸음을 옮기면, 예상과는 전혀 다른 장면이 펼쳐진다.

미완의 완성, 보베 대성당_고딕이 꽃피운 대성당의 시대

그림 120 보베 대성당 동쪽 슈베와 플라잉 버트리스

두 시대의 공존

쌍둥이 탑, 중앙의 장미창, 그리고 세 개의 포털이 어우러진 전형적인 고딕 파사드 대신, 단순하고 소박한 로마네스크 교회가 절벽처럼 깎아지른 대성당의 거대한 벽체 아래에서 조용히 자리를 지키고 있다. 이 교회는 '원래의 건물'이라는 뜻의 '바쓰 외브흐*Basse Œuvre*'로, 지금은 '새로운 건물*Nouvel-Œuvre*'인 보베 대성당의 네이브가 있어야 할 자리를 대신하고 있다(그림 121).

1225년 대화재 이후 동쪽 콰이어를 새로운 고딕 구조물에 내어주었고, 16세기에는 트랜셉트 건축을 위해 희생되었던 바쓰 외브흐는 대성당과 물리적으로 연결되면서도 독립된 존재로 남아 있다. 현재는 보베 대성당의 지위를 내려놓고, '성모 마리아에게 봉헌된 교회*Église Notre-Dame de la Basse Œuvre*'로 다시 태어났다. 두 건물은 고딕의 야망과 한계, 그리고 시대의 상처를 함께 간직하며 조화롭게 공존하고 있다.

그림 121 보베 대성당의 서쪽과 바쓰 외브흐

상상된 파사드, 실현된 트랜셉트

대성당이 계획내로 완공되었으면 일부분이 무너졌을 보베 주교의 성이었던 우아즈 박물관Musée de l'Oise 앞에서 지난 시간의 충격과 좌절의 아픔을 느끼면서 머릿속으로 완성된 모습을 상상해본다. 거대하고 웅장하였을 서쪽 파사드 부재에 대한 아쉬움을 대신 채워주는 건축적 위안이 있다면, 그것은 16세기 초에 플랑부아양 고딕Flamboyant Gothic의 절정을 담아 완성한 남측 트랜셉트일 것이다.

마르탱과 피에르 샹비주 부자Martin & Pierre Chambiges가 설계한 트랜셉트는 남쪽 광장으로부터 계단을 오르면 마주하게 된다. 단일의 거대한 포털을 중심으로 불꽃처럼 타오르는 플랑부아양의 트레이서리가 장미창까지 피어올라 삼각형의 박공 위로 흩어지는 듯한 형상을 이루며, 세 부분으로

미완의 완성, 보베 대성당_고딕이 꽃피운 대성당의 시대

그림 122 보베 대성당의 남측 파사드와 서측 바쓰 외브흐

분절된 육중한 플라잉버트리스 기둥과 함께 고딕 파사드의 정형성을 우아하게 재현한다. 비록 대성당의 완성된 서쪽 파사드는 존재하지 않지만, 화려한 남쪽 트랜셉트는 당시 건축적 이상을 충분히 대변하며, 후기 고딕의 정점을 구현하고 있다(그림 122).

남쪽 포털: 생명과 회복의 상징

목재로 제작된 남쪽 포털의 왼쪽 문은 성 베드로Saint Peter가 하반신 마비 환자를 치유하는 장면을 묘사하고 있어, 이곳이 성 베드로에게 봉헌된 대성당이라는 것을 상기시킨다. 오른쪽 문은 성 바울Saint Paul이 다마스쿠스Damascus로 가는 길에서의 개종 사건을 다루고 있다. 이 두 인물은 교회의 기초가 되는 사도적 권위를 상징하며, 그 위로 둘러싸인 아키볼트archivolt는 포도덩굴, 참나무, 덩굴식물Bryony과 같은 식물 문양으로 장식되어 있다. 이는 최후의 심판이 조각된 전형적인 서쪽 포털과는 다른, 생명

그림 123 남쪽 포털: 성 베드로와 성 바울의 문

과 회복의 상징을 표현하고 있다(그림 123).

　트랜셉트 포털 위 중앙에 자리한 장미창은 독립된 형태라기보다는 하부의 랜싯 창문들과 유기적으로 연결되어 있다. 이 구성은 마치 하나의 나무줄기에서 꽃이 피어난 듯한 이미지를 떠올리게 하며, 수직적 흐름 속에서 시각적 통일감을 형성한다. 특히 이러한 구성은 클리어스토리와 트라이포리엄의 경계를 최소화하기 위하여 스테인드글라스 창호로 개방성과 투명성을 극대화한 것과 맥락을 같이한다.

동쪽의 위엄과 북쪽 포털

　남측 계단을 오르기 전, 발걸음을 동쪽으로 옮기면 일반적으로는 낮은 높이로 구성된 고딕 대성당의 플라잉 버트리스와는 전혀 다른 풍경이 펼쳐진다. 마치 하늘까지 치솟은 듯한 거대한 외부 구조물과 그 위를 장식하는 '피너클pinnacle'은, 한때 세계에서 가장 높은 첨탑과 볼트를 가졌던 보베 대성당의 자부심을 보여주기에 충분하다. 이처럼 압도적인 스케일로 완성된 동쪽 입면은 유사한 사례를 찾기 힘든, 독보적인 시각적 충격을 준다(그림 120).

반원형으로 둘러싸인 플라잉버트리스의 숲을 감상하면서 반대 방향으로 돌아가면, 관리되지 않은 수목들과 빛을 받지 못한 대성당의 벽면에 피어난 초록 이끼들이 제일 먼저 눈에 들어온다. 특히 을씨년스러운 겨울철에는 마치 시간이 멈춘 채 버려진 공간 속에 서 있는 것 같다.

남쪽보다 다소 낮은 계단 위에 자리한 북쪽 트랜셉트 포털은 남측이 완공된 이후에 건축되었다. 전체적인 장식과 구성은 남측과 유사하나, 버트리스 기둥의 장식은 생략되어 비교적 간결한 인상을 준다. 포털에는 '이새의 나무Tree of Jesse'가 조각되어 다윗의 아버지인 이새Jesse의 혈통에서 메시아가 탄생하리라는 예언을 시각적으로 구현하고 있다. 그러나 나뭇가지 끝에 표현된 왕들의 조각상은 프랑스혁명 당시, 노트르담 대성당의 유대왕 조각들이 파괴되었던 것과 같은 운명을 맞이하였다(그림 124).

그림 124 북쪽 트랜셉트 포털

제10장 보베 대성당을 향하여

고딕의 이상과 구조보강

고딕 대성당을 방문하면 종종 실망하는 것은 보수나 복구를 위하여 폐쇄되거나 가림막에 가려 사진으로 보아온 온전한 모습을 제대로 감상할 수 없는 것이다. 보베 대성당도 이와 다르지 않다. 육중한 남측 트랜셉트 포털을 지나 내부에 들어서면, 수직의 높은 공간감에 놀람과 동시에 트랜셉트 구조물을 지탱하기 위하여 설치한 수평의 목재 트러스tie beam가 시선을 방해한다. 17세기 초반에 설치된 것으로 알려진 목재 트러스는 네이브가 완성되지 않아 서쪽으로 기우는 것을 방지하기 위해 설치된 것으로, 지난 세월의 아픔을 다시 상기시킨다(그림 125).

1990년대 초에는 구조적 안전을 확보하기 위해 트랜셉트 북측 바닥에 경사 형태의 대형 트러스를 추가로 설치하였다. 그러나 이와 같은 구조적 개입에도 불구하고, 북측 트랜셉트의 장미창을 통해 쏟아져 들어오는 화려한 빛과 색채의 향연은 이 모든 것을 잊고 지난 시간의 향기를 온전히

그림 125 구조보강을 위하여 17세기 초반에 설치된 수평의 목재 트러스와 북측 트랜셉트 장미창

미완의 완성, 보베 대성당_고딕이 꽃피운 대성당의 시대

느낄 수 있는 콰이어로 발길을 돌리도록 하기에 충분하다.

콰이어: 미완이 선사한 감성

트랜셉트의 교차부 중심에서 콰이어를 향하여 시선을 돌리면, 마치 천상의 예루살렘을 구현한 듯이 새로운 세상이 펼쳐지는 것 같다. 모든 벽체를 제거하고 수직의 거대한 공간을 가득 채운 스테인드글라스를 통해 투사되는 빛을 바라보고 있으면 붕괴의 아픔을 이겨내고 순수한 석재로 이루어 낸 중세인의 기술과 능력 앞에 겸허해짐과 동시에 "프랑스 고딕의 파르테논Parthenon"이라고 찬미한 이유를 알 수 있다. 그러나 보베의 영원

그림 126 보베 대성당의 동측 헤미사이클과 클리어스토리 창문

그림 127 생트 샤펠의 상부 예배당

한 경쟁자이자, 고딕 양식의 정수로 꼽히는 아미앵 대성당에서는 아이러니하게도 이와 같은 감흥을 온전히 느끼기 어렵다. 그 이유는 파리의 생트 샤펠*Sainte-Chapelle*(1238~1248)에서 찾을 수 있다.

왕실 채플로서 고위 성직자와 왕족만이 입장할 수 있었던 생트 샤펠의 상부 예배당은, 최소한의 구조로 최대한의 개방을 구현한 공간이다. 내부는 약 20m 높이로, 15개의 거대한 창(폭 4m, 높이 15m)에 성경 이야기를 시계 방향으로 배치하여, 전체 공간을 빛의 서사시로 구성하였다. 이러한 시각적 집중과 감성의 밀도는 복합적 구조의 대성당에서는 느끼기 어려운 감흥을 제공한다(그림 127).

보베 대성당 또한 네이브가 완성되지 않아 시선이 분산되지 않고 콰이어에 집중되어 수직 공간이 강조되면서 감흥의 깊이는 생트 샤펠과 다르

미완의 완성, 보베 대성당_고딕이 꽃피운 대성당의 시대

지 않다. 이는 구조적으로는 미완이지만, 감성적으로는 완성에 가까운 독특한 공간 경험을 가능하게 한다. 반면, 랭스나 아미앵처럼 완성형 하이고딕 건물은 공간이 균형을 이루는 대신, 빛의 집약과 감흥의 폭발이라는 측면에서는 상대적으로 약하게 느껴진다. 이러한 차이는 아마도 세계대전 중 손상된 스테인드글라스가 투명 유리로 대체된 이후 전부 복원되지 않아, 내부로 투과되는 빛이 일정하고 단조로움이 원인일 수 있다.

교회 안의 교회

아미앵 대성당에서도 생트 샤펠에 견줄 수 있는 감흥을 제공하는 공간이 존재한다. 동일한 크기의 7개 채플이 방사형으로 배치된 보베 대성당과는 달리, 정중앙의 채플은 두 개의 베이bay를 두어 의도적으로 차별화하였다(그림 37). 이는 마치 '교회 안의 교회'처럼 독립성과 은밀함을 지닌 공간으로, '노트르담 드 라 드라피에르Notre-Dame de la Drapière'로 불린다(그림 128). 이 채플은 직물 길드와 대성당 남쪽에 거주하던 사목 수사들을 위

그림 128 아미앵 슈베 중앙의 '노트르담 드 라 드라피에르'(c.1252)

한 장소였으며, 생트 샤펠과 거의 동시기에 건축된 것으로 추정된다. 비록 내부의 스테인드글라스는 100년이 채 되지 않았지만, 벽면을 가득 채운 유리창을 통해 빛의 감성체험이 가능하며, 생트 샤펠의 축소판 같은 내밀한 공간으로 기능한다.

콰이어에서 마주하는 고딕의 정수

보베 대성당의 콰이어를 거닐다 보면, 네이브가 존재하지 않는 미완성이라는 사실을 잊게 된다. 붕괴 이후 베이 사이에 추가된 기둥과 그 위로 연결된 6분 볼트의 립들은 공간의 폭을 시각적으로 확장시키며, 높게 솟은 아케이드와 거대한 클리어스토리 창은 고딕 건축이 지향한 수직성과 빛의 이상을 보여주는 것 같다. 대성당 내부를 이동하는 동선이 짧다는 점을 제외하면, 동일한 패턴이 반복하는 네이브를 건너뛰고 콰이어만을 체험하게 하는 가상 효율 높은 방문지일 수 있다.

주두 위의 일상과 풍자

보베 대성당 내부에는 유명한 성유물이나 화려한 제단 장식은 없지만, 아케이드 피어의 주두에 새겨진 조각들은 건축가와 조각가들의 섬세한 상상력을 엿볼 수 있는 소소한 즐거움을 제공한다. 악기를 연주하는 인물상이나 괴물에게 잡힌 자식을 구하려는 장면 등 극적인 장면의 조각들은 제단 후면의 헤미사이클에 자리 잡고 있어, 주의를 기울이지 않으면 지나치기 쉽다.

그중에서도 특히 인상 깊은 것은 빈자와 부자를 대비시킨 장면이다.

아케이드의 가느다란 기둥을 사이에 두고 왼편에는 개와 함께 무릎 위에 동냥 그릇을 든 늙은 거지가, 오른편에는 외투를 걷어올려 볼일을 보며 입으로는 과식한 음식을 토해내는 젊은 부자가 묘사되어 있다. 이는 부와 빈곤, 절제와 탐욕을 풍자적으로 표현한 것으로, 중세인의 도덕관과 유머 감각을 엿볼 수 있는 예이다.

기계로 구현된 우주

보베 대성당에서 유물 부재의 아쉬움을 대신하는 것은 19세기 공학의 정수를 보여주는 거대한 천문시계다. 1865년부터 1868년 사이, 보베 주교의 의뢰로 시계 제작자 오귀스트 뤼시앵 베리테*Auguste-Lucien Vérité*가 만든 이 시계는 높이 12미터, 폭 6미터에 달하며, 약 9만 개의 부품과 50개

그림 129 오귀스트 뤼시앵 베리테의 천문시계

그림 130 보베 대성당 콰이어의 6분 볼트와 아케이드 기둥에 반사된 빛의 향연

의 미니어처 인형으로 구성된 경이로운 작품이다. 중앙과 보조 모터로 구동되는 이 시계는 총 52개의 다이얼과 종을 통해 세계 각 도시의 시간, 달의 위상, 부활절 날짜, 최후의 심판 장면 등을 보여준다. 그 외에도 그레고리력의 영구 달력, 조수 간만, 일식과 월식, 행성의 위치, 그리고 매시간 울리는 수탉의 울음소리까지 다양한 기능이 포함되어 있다.

이 모든 것을 떠나 보베를 방문하는 시기와 시간대에 따라 다소 차이가 있지만, 클리어스토리의 스테인드글라스를 통과한 빛이 기둥에 수직으로 맺히는 장면은 숨을 멎게 할 만큼 아름답다. 고딕의 석재 위에 쏟아지는 빛은 마치 수천 캐럿의 다이아몬드가 빛나는 듯 반짝이며, 단순한 건축물을 넘어 '빛의 성소'임을 실감하게 한다.

나가며

　유럽의 도시를 여행하다 보면, 주변을 압도하는 기념비적인 대성당 건물에서 이전에 경험하지 못한 새로운 공간을 체험하게 된다. 거대한 건물의 규모에 감탄하면서 세 개의 포털 중 하나를 지나 내부로 발을 들이면, 어두운 실내에 눈이 적응하기도 전에 스테인드글라스를 통해 쏟아지는 화려한 빛과 수직으로 솟아오른 공간의 웅장함에 잠시 모든 감각과 시간이 정지된 듯한 느낌을 받는다. 오직 시각만이 정지된 시간 속에서 새로운 정보와 기억을 분주히 비교하고 공간을 탐색하며 서서히 이동한다. 하지만 이 움직임의 속도는 개인이 저장해온 정보의 양과 반비례한다. 정보가 부족할수록 종교적 경외심이나 새로운 것에 대한 호기심이 일시적으로 걸음을 늦추긴 하지만, 이내 반복되는 형식과 장식의 패턴 앞에 발걸음은 다시 빨라진다.

　이러한 경험은 비단 대성당에서만 체험할 수 있는 것은 아니다. 루브르 박물관을 방문하면 특정 장소에는 작품 감상보다 사람 구경이 더 흥미로운 곳이 있는데 〈모나리자Mona lisa〉 그림 앞이다. 마치 이 작품만을 보기 위해 긴 여정을 마다하지 않고 온 듯한 사람들은 유리 벽 뒤 작은 초상화 앞에 길게 줄을 서고, 좀처럼 자리를 떠나지 않는다. 레오나르도 다 빈

그림 131 〈모나리자〉 그림 앞

치가 생전에 아꼈던 이 걸작은 예술사에서 가장 널리 알려진 작품 중 하나이지만, 너무도 익숙한 이미지로 인해 무리 속을 헤집고 가까이에서 들여다보아도 실물을 직접 보았다는 감흥 이상으로 다가오지 않는다. 즉 '아는 것이 보는 것을 능가'하였으며, 너무나 익숙하여 더 이상 새로운 감흥을 느끼지 못한다. 그럼에도 불구하고 익숙함은 사람들의 발을 붙들며, 이 작은 그림 앞을 하나의 순례지로 만든다.

사실 루브르에 전시된 다빈치의 작품이 〈모나리자〉 하나뿐인 것은 아니다. 〈암굴의 성모The Virgin of the Rocks〉와 〈세례자 요한John the Baptist〉이 나란히 전시되어 있음에도, 많은 관람객은 그 앞을 무심코 지나친다. 작가의 이름을 보고서야 발걸음을 멈추지만, 〈모나리자〉 관람에 쏟은 열정과 정보의 부족으로 인해 이내 흥미를 잃고 다시 발걸음을 옮긴다.

루브르에서 맛집을 고르듯, 많은 관객이 모여 있는 곳에 줄지어 차례를 기다리는 것도 좋지만, '마리 드 메디치의 방the Marie de' Medici cycle'에서 한적한 여유로움을 느끼면서 루벤스Peter Paul Rubens(1577~1640)의 색의 향연을 감상하든가, 니콜라 푸생Nicolas Poussin(1594~1665)의 〈시인의 영감

미완의 완성, 보베 대성당_고딕이 꽃피운 대성당의 시대

그림 132 *Leonardo da Vinci*, 〈The Virgin of the Rocks〉(c.1483~93)와 〈Saint John the Baptist〉(c.1507~1516)(루브르 박물관)

그림 133 *Paolo Veronese*, 〈The Wedding at Cana〉(1562~1563, 루브르박물관)

Inspiration of the Poet〉이나 베로네제*Paolo Veronese*(1528~1588)의 작품 앞에서 작가가 의도한 색채와 스토리를 음미하는 즐거움이 더 클 수 있다. 이처럼 예술작품은 기본적인 정보가 전제될 때, 감상은 더욱 풍부하고 작품은 비로소 말을 걸어온다. 그렇다면 수만 점의 예술작품과 수많은 대성당 중에서, 우리는 무엇을 보고 무엇을 발견해야 할까?

〈민중을 이끄는 자유의 여신Liberty Leading the People〉으로 잘 알려진 외젠 들라크루아*Eugène Delacroix*는 "탁월한 회화는 관객을 그 앞에 머물게 하며, 그림 속 특별한 아름다움을 즐기도록 유도해야 한다"고 말하였다. 그는 '한눈에 감상되는 회화'를 꿈꾸며, 시선이 자연스럽게 화면을 따라 흐르게 하는 조화로운 구성을 이상으로 삼았다. 이러한 감각은 고딕 대성당 앞에서도 동일하게 적용할 수 있다. 규모가 크든 작든, 빛과 구조, 장식과 서사가 유기적으로 어우러질 때, 우리는 발걸음을 멈추고 천천히 그 공간의 언어를 읽게 된다. 그러나 고딕 건축의 외형적 요소만으로는 다음과 같은 본질적인 질문에 쉽게 답할 수 없다.

'대성당의 시대를 꽃피운 고딕 양식은 어떠한 시대적 배경 속에서 탄생하였는가? 수호성인과 성유물, 순례와 수도원 개혁은 고딕의 형성과 진화에 어떤 영향을 주었는가? 고딕을 구성하는 구조적 요소들은 어떻게 내부 공간과 조화를 이루며 발전하였는가? 그리고 무엇이 중세인들로 하여금 이토록 거대한 수직적 공간을 지향하게 만들었는가?' 이 책은 바로 이러한 질문들에 대한 실마리를 제공하고, 고딕 건축을 보다 깊이 이해하도록 하였다.

우리는 프랑스를 중심으로 고딕 대성당의 전형들을 살펴보았지만, 고딕은 유럽 전역에서 다양한 방식으로 꽃을 피웠다. 영화 〈해리 포터Harry Potter〉 속 배경으로 유명한 영국의 글루체스터 대성당Gloucester Cathedral

의 팬 볼트fan vault는 환상적인 장식미를 자랑하며, 독일 울름 대성당Ulm Minster은 161.53m에 이르는 단일 첨탑으로 세계에서 가장 높은 교회라는 위용을 드러낸다. 이탈리아 베네치아의 도제 궁전Doge's Palace에서는 포인티드 아치 열주colonnade들이 고딕의 선율을 색다르게 변주하고 있다.

이처럼 고딕은 획일적인 통일성을 강요하지 않고, 오히려 지역적 맥락 속에서 다양한 해석과 변형을 허용하며 확장되었다. 그리고 이 모든 다양

그림 134 글루체스터 대성당의 회랑cloister을 장식하는 팬 볼트

그림 135 베네치아 도제 궁전의 포인티드 아치의 열주

성 너머에는 한 가지 공통된 정신이 있다. 그것은 신을 향한 집단적 염원이 순수한 석재와 빛을 통하여 어떻게 하늘로 솟구쳤는지를 보여주는 중세인의 시대정신이다. 이러한 고딕 정신을 가장 잘 구현한 건축물이 보베 대성당이다.

보베 대성당은 완성을 향한 끝없는 도전의 상징이자, 고딕이 꿈꾼 가장 순수한 이상을 담아내고 있다. 구조적 한계에 도전하며 빛을 끌어들이고자 했던 실험정신, 경쟁에서 승리하고자 하는 인간의 욕망, 그리고 그 욕망이 만들어낸 아름다움과 불안정성이 공존하고 있다. 그것은 무너질 위험을 무릅쓴, 가장 순수한 고딕의 형상이자, 빛과 중력을 넘어서고자 한 중세 정신의 정점이다. 결국, 보베 대성당은 '완성'이 아닌 '미완성'을 통해 역설적으로 고딕의 본질을 가장 극명하게 보여주고 있다.

그림 136 미완의 완성, 보베 대성당

고딕을 향한 이 모든 여정에서 우리가 마주하는 진정한 감동은 낯선 충격이 아닌 익숙함에서 비롯된다. 야자수 그늘 아래 떨어진 빵 부스러기를 향해 종종걸음으로 다가오는 참새가 고향의 기억을 불러오고, 미술관에서 낯선 작품 사이에 자리한 익숙한 이미지가 오랜 시간 발길을 붙들며, 거리의 소음 속에서 흘러나온 익숙한 선율은 음질과 상관없이 지친 걸음을 멈추게 만든다. 이러한 감동은 결코 우연히 찾아오지 않는다. 좋은 향기 곁에 오래 머물면 그 향이 스며들듯, 익숙함은 의식적인 관심과 반복 속에서 무의식적인 감응으로 전환된다.

고딕 건축도 마찬가지다. 처음에는 압도적인 규모와 빛의 극적 효과에 감탄하게 되지만, 진정한 감동은 익숙한 양식 속에서 발견되는 의미의 깊이에서 비롯된다. 결국, 아는 것이 보는 것을 가능하게 하고, 보는 것이 더 깊은 감흥을 불러일으킬 수 있다. 이제 고딕이라는 낯선 여정 속에서 익숙한 감동을 느끼며, 그 안에 깃든 시간과 의미를 온전히 누릴 수 있기를 기대해 본다.

그림 출처

그림 2   PtrQs, CC BY—SA 4.0, https://commons.wikimedia.org/w/index. php?curid=78979547

그림 7   BrettLewis88—Own work, CC BY—SA 4.0, https://commons. wikimedia.org/w/index.php?curid=73522552

그림 12   Christian David—Own work, CC BY—SA 4.0, https://commons. wikimedia.org/w/index.php?curid=120284205

그림 17   Diego Delso, CC BY—SA 4.0, https://commons.wikimedia.org/w/ index.php?curid=125634807

그림 19   Manuel de Corselas—Own work, CC BY—SA 3.0, https://commons. wikimedia.org/w/index.php?curid=17544257

그림 20   Adli WahidMinor modifications made by Basile Morin, from the original version. —File:The Kaaba during Hajj.jpg, CC BY—SA 4.0, https:// commons.wikimedia.org/w/index.php?curid=157575049

그림 34   Myrabella/Wikimedia Commons, CC BY—SA 4.0, https://commons. wikimedia.org/w/index.php?curid=33076600

그림 39   DXR/Daniel Vorndran, CC BY—SA 3.0, https://commons.wikimedia. org/w/index.php?curid=33022424

그림 41   Ludvig14—Own work, CC BY—SA 4.0, https://commons.wikimedia. org/w/index.php?curid=68360633

그림 52 Brian Robert Marshall, CC BY-SA 2.0, https://commons.wikimedia.org/w/index.php?curid=13377433

그림 53 Leland-Own work, CC BY-SA 3.0, https://en.wikipedia.org/w/index.php?curid=650072

그림 55 Lusitana, CC BY-SA 3.0, https://commons.wikimedia.org/w/index.php?curid=51175

그림 60 (좌) Peter Haas, CC BY-SA 3.0, https://commons.wikimedia.org/w/index.php?curid=32131500

그림 62 (좌) Ptyx-Own work, CC BY-SA 4.0, https://commons.wikimedia.org/w/index.php?curid=83747130

그림 64 (우) Thomas Clouet-Own work, CC BY-SA 4.0, https://commons.wikimedia.org/w/index.php?curid=42109690

그림 66 (좌) Ludvig14-Own work, CC BY-SA 4.0, https://commons.wikimedia.org/w/index.php?curid=150484707
(중) PtrQs, CC BY-SA 3.0, https://commons.wikimedia.org/w/index.php?curid=54490942
(우) PtrQs, CC BY-SA 4.0, https://commons.wikimedia.org/w/index.php?curid=54491069

그림 67 Michael D Beckwith -Own work, CC0, https://commons.wikimedia.org/w/index.php?curid=79861899

그림 68 (좌) Jules & Jenny from Lincoln, UK-Lincoln Cathedral, Deans eye window, CC BY 2.0, https://commons.wikimedia.org/w/index.php?curid=71397930
(우) Jules & Jenny from Lincoln, UK-Lincoln Cathedral, Bishop's eye window (higher res), CC BY 2.0, https://commons.wikimedia.org/w/index.php?curid=71397928

그림 69 Gzen92-Own work, CC BY-SA 4.0, https://commons.wikimedia.org/w/index.php?curid=151514165

그림 71 Thesupermat-Own work, CC BY-SA 3.0, https://commons.wikimedia.org/w/index.php?curid=21763309

Paris, Aug 2010.jpg by Julie Anne Workman—Flickr: https://www.
flickr.com/photos/zachievenor/34705711854,based on File:North rose
window of Notre—Dame de Paris, Aug 2010.jpg, CC BY—SA 2.0,
https://commons.wikimedia.org/w/index.php?curid=60404628

그림94 PMRMaeyaert—Own work, CC BY—SA 3.0, https://commons.
wikimedia.org/w/index.php?curid=16648979

그림103 ⓒ Raimond Spekking/CC BY—SA 4.0 (via Wikimedia Commons), CC BY—
SA 4.0, https://commons.wikimedia.org/w/index.php?curid=29434467

그림105 Miguel Hermoso Cuesta—Own work, CC BY—SA 4.0, https://
commons.wikimedia.org/w/index.php?curid=45047977

그림107 (우) PtrQs, CC BY—SA 4.0, https://commons.wikimedia.org/w/index.
php?curid=106496673

그림115 Wandrille de Préville—Own work, CC BY—SA 4.0, https://commons.
wikimedia.org/w/index.php?curid=78085901

그림117 Baidax—Own work, CC BY—SA 4.0, https://commons.wikimedia.org/
w/index.php?curid=94632818

그림118 (좌) DXR/Daniel Vorndran, CC BY—SA 3.0, https://commons.
wikimedia.org/w/index.php?curid=34930560
(우) Clicsouris—Selt—photographed, CC BY—SA 3.0, https://commons.
wikimedia.org/w/index.php?curid=10531963

그림121 Zairon—Own work, CC BY—SA 4.0, https://commons.wikimedia.org/
w/index.php?curid=80033747

그림124 Zairon—Own work, CC BY—SA 4.0, https://commons.wikimedia.org/
w/index.php?curid=80033746

그림125 AndeNan—Own work, CC BY—SA 4.0, https://commons.wikimedia.
org/w/index.php?curid=133432652

그림126 Gennadii Saus Segura—Own work, CC BY—SA 4.0, https://commons.
wikimedia.org/w/index.php?curid=86426339

그림127 Diego Delso, CC BY—SA 4.0, https://commons.wikimedia.org/w/
index.php?curid=136876104

그림 128 Zairon—Own work, CC BY—SA 4.0, https://commons.wikimedia.org/w/index.php?curid=78846189

그림 129 Tango7174—Own work, CC BY—SA 4.0, https://commons.wikimedia.org/w/index.php?curid=6430192

그림 130 PtrQs, CC BY—SA 4.0, https://commons.wikimedia.org/w/index.php?curid=78979547

그림 131 Pedemann—Own work, CC BY—SA 4.0, https://commons.wikimedia.org/w/index.php?curid=170451693

그림 134 Christopher JT Cherrington—Own work, CC BY—SA 4.0, https://commons.wikimedia.org/w/index.php?curid=72728269

그림 136 Diliff—Own work, CC BY—SA 3.0, https://commons.wikimedia.org/w/index.php?curid=40041978

참고문헌

Abraham, P. (1946). "Nouvelle explication de l'architecture religieuse gothique," *Gazette des Beaux Arts*, 11, 257–271.

Ackerman, J. (1997). "Villard de Honnecourt's Drawings of Reims Cathedral: A Study in Architectural Representation," *Artibus et Historiae*, 18, 41–50.

Acland, J. (1972). *Medieval Structure: The Gothic Vault*, Toronto: University of Toronto Press.

Alberti, L. (1988). *On the Art of Building in Ten Books(1484)*, Cambridge: MIT Press.

Andrews, F. (1925). *The Medieval Builder and His Methods*, Oxford: Oxford University Press.

Anfray, M. (1932). "L'architecture normande: son influence dans le nord de la France aux XLe et XIIe sièecles," *Buttetin Monumental*, 235–285.

Argan, G. (1969). *The Renaissance City*, New York: George Braziller.

Armi, E. (1975). "Orders and Continuous Orders in Romanesque Architecture," *JSAH*, 34, 173–188.

Atwood, G. (1801). *A Dissertation on the Construction and Properties of Arches*, London: W. Bulmer and Co.

Baker, I. (1909). *A Treatise on Masonry Construction*, New York: J. Wiley & Sons.

Barnes, C. & Shelby, L (1986). "The Preliminary Drawing for Villard de Honnecourt's 'Sepulchre of Saracen'," *Gesta*, 25, 135–138.

Barron, R. (2000). *Heaven in Stone and Glass: Experiencing the Sprituality of the Great Cathdrals*, New York: The Crossroad Publishing Co.

Benevolo, L. (1970). *The Architecture of the Renaissance*, London: Routledge.

Benton, J. (2002). *Art of the Middle Ages*, New York: Thames & Hudson.

Blasi, C. & Foraboschi, P. (1994). "Analysis Approach to Collapse Mechanisms of Circular Masonry Arch," *Journal of Structural Engineering*, 120, 2280–2292.

Bloch, M. (1964). *Feudal Society*, trans Manyon, Chicago: University of Chicago Press.

Blunt, A. (1935). *Artistic theory in Italy 1450-1600*, Oxford: Oxford Univesity Press.

Bony, J. (1983). *French Gothic Architecture of the 12th and 13th Centuries*, Berkeley: University of California Press.

Bork, R. (2011). *The Geometry of Creation: Architectural Drawing and the Dynamics of Gothic Design*, Burlington: Ashgate Publishing Co.

Boothby, T. (1992). "Stability of Masonry Piers and Arches," *Journal of Engineering Mechanics*, 118, 367–382.

Branner, R. (1957). "Three Problems From the Villard de Honnecourt Manuscript," *Art Bulletin*, 39, 61–66.

Branner, R. (1960). "Villard de Honnecourt, Archemedes and Chartres," *JSAH*, 19, 91–97.

Branner, R. (1961). *Gothic Architecture*, New York: George Braziller

Branner, R. (1963). "Villard de Honnecourt, Reims and the Origin of Gothic Architectural Drawing," *Gazette des Beaux-Arts*, 129–146.

Branner, R. (1973). "Gothic Architecture," *JSAH*, 32, 321–329.

Branner, R. (1973). "Drawings from a thirteenth-century Architect's Shop: the Reims Palimpsest," *JSAH*, 17, 9–21.

Bucher, R. (1979). *Architector: the Lodge Books and Sketchbooks of Medieval Architects*, New York: Abaris Books.

Buchanan, A. (2004). *States, Nations, and Borders: The Ethics of Making Boundaries*, Cambridge: Cambridge University Press.

Calkins, R. (1998). *Medieval Architecture in Western Europe*, New York: Oxford University Press.

Cantor, N. (1993). *Civilization of Middle Ages*, New York: Haper Collins Publishers.

Carlson, E. (1968). "The Abbey Church of Saint-Etienne at Caen in the Eleventh and early Twelfth Centiries." Ph. D. Diss., Yale University.

Carlson, E. (1986). "A Note on Four-Story Elevations," *Gesta*, 25, 1, 61.

Chadwick, H. (1993). *The Early Church*, New York: Penguin Books.

Clapman, A. (1936). *Romanesque Architecture in Western Europe*, Oxford: Clarendon.

Coldstream, N. (1991). *Medieval Craftmen: Masons and Sculptors*, Toronto: University of Toronto ress.

Conant, K. (1993). *Carolingian and Romanesque Architecture 800-1200*, New Haven: Yale University Press.

Cohen, E. (1980). "Roads and Pilgrimage: a Study in Economic Interaction," *Study Medieval*, 21.

Crossley, P. (1988). "Medieval Architecture and Meaning: the Limits of Iconography," *Burlington Magazine*, 130, 116−162.

Drysdale, et al. (1994). *Masonry Structures Behavior and Design*, Englewood Cliffs: Prentice Hall.

Duby, G. (1981). *The Age of the Cathedrals*, Chicago: University of Chicago Press.

Elizalde, R. (2025). "Beauvais Cathedral: The Ambition Collapse, and Legacy of Gothic Engineering," *Heritage Materials and Historic Buildings: Preservation and Environment*, 1−23.

Favier, J. (1990). *The World of Chartres*, New York: Harry Abrams Inc.

Feher, K. (2021). "Tas−de−Charge− An Essential Part of Gothic Vault," *Perodica Polytechnica Architecture*, 52(1), 21 31.

Fitchen, J. (1961). *The Construction of Gothic Cathedrals: A Study of Medieval Vault Erection*, Chicago: University of Chicago Press.

Focillon, H. (1963). *The Art of the West: Gothic Art*, London: Phaidon.

Follet, K. (1989). *The Pillars of the Earth*, New York: Penguin.

Frankl, P. (1945). "The Secret of the Medieval Mason," *Art Bulletin*, 27(1), 46−60.

Frankl, P. (1960). *The Gothic: Literary Sources and Interpretations through Eight Centuries*, Princeton: Princeton University Press.

Frankl, P. (2000). *Gothic Architecture*, New Haven: Yale University.

Gimpel, J. (1983). *The Cathedral Builders*, New York: Grove Press.

Goff, J. (1980). *Time, Work, & Culture in the Middle Ages*, Chicago: University of Chicago Press.

Goff, J. (1988). *Medieval Civilization, 400-1500*, New York: Blackwell Publishing.

Goldthwaite, R. (1980). *The Building of Renaissance Florence*, Baltimore: Johns Hopkins University Press.

Grodecki, L. (1978). *Gothic Architecture*, New York: Harry N. Abrams.

Hart, J. (1839). *A Practical Treatise on the Construction of Oblique Arches*, London: Legare Street Press.

Hendry, A. (1990). *Structural Masonry*, London: Red Globe Press.

Heyman, J. (1967). "On the Rubber Vaults of Middle Ages and Other Matters," *Gazette des Beaux Arts*, 243−257.

Heyman, J. (1967). "Spires and Fan Vaults," *International Journal of Solids and Structures*, 3, 243−257.

Heyman, J. (1977). *Equilibrium of Shell Structures*, Oxford: Clarendon Press.

Heyman, J. (1982). *The Masonry Arch*, Cambridge: Cambridge University Press.

Hodgett, G. (1972). *A Social and Economic History of Medieval Europe*, London: Methun & Co Ltd.

Hoey, L. (1989). "The Design of Romanesque Clerestories with Wall Passages in Normandy and England," *Gesta*, 18(1), 78−101.

Hoare, P. & Caroline, S. (2000). "The Orientation of Early Medieval Churches in England," *Journal of Historical Geography*, 26(2), 163−173.

Hong, S. (1996). "Structural Development of Non−vaulted Systems in Medieval Construction: the Gothic Nef Unique System in the Languedoc Region of Southern France," Ph.D. Diss., Texas A&M University.

Hong, S. (1998). "Villard de Honnecourt: the Characteirstics and Authors of the Sketchbook," *JAH*, 7(3), 107−120.

Hong, S. (2004). "The Analysis on the Collapse of the Tallest Gothic Cathedral," *CTBUH*, 913−920.

Ingersoll, R. (2013). *World Architecture: a Cross-Cultural History*, New York: Oxford Univesity Press.

Jantzen, H. (1984). *High Gothic: The Classic Cathedrals of Chartres, Reims, and Amiens*, Princeton: Princeton University Press.

Johnson, P. (1976). *A History of Christianity*, New York: Simon & Schuster.

Kendall, G. (1982). "A Study of Grave Orientation in Several Roman and post−Roman Cemeteries from Southern Britain," *The Archaeological Journal*, 139,

101-123.

Khoury, N. (1996). "The Meaning of the Great Mosque of Cordoba in the Tenth Century," *Muqarnas*, 13, 80-98.

Kostof, S. (1985). *A History of Architecture: Settings and Rituals*, New York: Oxford University Press.

Kubach, H. (1978). *Romanesque Architecture*, New York: Harry N. Abrams.

Lethaby, W. (1892). *Architecture Mysticism and Myth*, New York.

Lotz, W. (1977). *Studies in Italian Renaissance Architecture*, Cambridge: MIT Press.

Lowenthal, D. (1985). *The Past is Foreign Country*, London: Cambridge University Press.

Lowrie, (1901). *Monuments of the Early Church*, New York: Legare Street Press.

Mainstone, R. (1975). *Development in Structural Form*, Cambridge: Routledge.

Mark, R. (1970). "Photomechanical Model Analysis of Concrete Structures," *In Models for Concrete Structures, Detroit: American Concrete Institute*, 187-214.

Mark, R. (1977). "Robert Willis, Viollet-le-Duc and Structural Approach to Gothic Architecture," *Architectura*, 7, 52-64.

Mark, R. (1978). "Structural Experimentation in Gothic Architecture," *American Scientist*, 66, 543-550.

Mark, R. (1982). "Modeling Architectural Structure: Experimental Mechanics in Historiography and Criticism," *Experimental Mechanics*, 22, 361-371.

Mark, R. (1989). *Experiments in Gothic Structure*, Cambridge: MIT Press.

Mark, R. (1990). *Light, Wind, and Structure: The Mistery of the Master Builders*, Cambridge: MIT Press.

Mark, R. (1993). *Architectural Technology: up to the Scientific Revolution*, Cambridge: MIT Press.

Mark, R. & Prentke, R. (1968). "Model Analysis of Gothic Structure," *JSAH*, 27, 44-48.

Mark, R. & Ronald, J. (1970). "Wind Loading on Gothic Structure," *JSAH*, 29, 220-230.

Mark, R. & Wolfe, M. (1976). "The Collapse of the Beauvais Vaults in 1284," *Spectrum*, 51, 462-476.

Mark, R. & Taylor, W. (1982). "The Technology of Transition: Sexpartite to

Quadripartite Vaulting in High Gothic Architecture," *Art Bulletin*, 64, 579–587.

Mark, R. & Clark, W. (1984). "The First Flying Buttresses: A New Reconstruction of the Nave of Notre–Dame–de–Paris," *Art Bulletin*, 67, 47–65.

McAleer, J. (1982). "The Romanesque Transept and Choir Elevations of Tewkesbury and Pershore," *AB*, 64, 549–563.

McAleer, J. (1984). "Romanesque England and the Development of the *Façade Harmonique*," *Gesta*, 23, 87–91.

McEvedy, C. (1992). *The New Penguin Atlas of Medieval History*, New York: Penguin Books.

Mckinley, J. (1979). *Fundamentals of Stress Analysis*, Portland: Matrix Pub.

Millon, H. (1944). *The Renaissance from Brunelleschi to Michelangelo: The Representation of Architecture*, London: Rizzoli.

Moore, C. (1906). *Development and Character of Gothic Architecture*, New York: University of Michigan Library.

Murray, L. (1991). *The High Renaissance and Mannerism*, London: Thames and Hudson.

Murray, P. (1986). *The Architecture of the Italian Renaissance Architecture*, New York: Schocken Books Inc.

Murray, S. (1976). "The Collapse of 1284 at Beauvais Cathedral," *Acta*, 3, 17–44.

Murray, S. (1980). "The Choir of the Church of St. Pierre, Cathedral of Beauvais: A Study of Gothic Architectural Planning and Construcional Chronology in its Historical Context," *Art Bulletin*, 62, 533–551.

Murray, S. (1990). "Looking for Robert de Luzarches: The Early Work at Amiens Cathedral," *Gesta*, 29, 111–131.

Norwich, J. (1988). *A Short History of Byzantium*, New York: Vintage.

Panofsky, E. (1957). *Gothic Architecture and Scholasticism*, New York: A Meridian Book.

Panofsky, E. (1946). *Abbot Suger on the Abbey Church of Saint Denis and Its Art Treasures*, Princeton: Princeton University Press.

Parry S. (2001). *Great Gothic Cathedral of France*, New York: Studio.

Paul, V. (1975). "The Nef unique in the Origins and First Developments of

Gothic Architecture in Languedoc," Ph.D. Diss., University of California, Berkeley.

Paul, V. (1988). "The Beginnings of Gothic Architecture in Languedoc," *Art Bulletin*, 70, 103−122.

Paul, V. (1974). "Le Problème de la nef unique," *in La naissance et l'essor du gothique méridional au XIIIe siècle (Cahiers de Fanjeaux, IX)*, Toulouse, 21−53.

Porter, K. (1911). *The Construction of Lombard and Gothic Vaults*, New Haven: Yale University Press.

Prache, A. (1999). *Cathedrals of Eroupe*, New York: Cornell University Press.

Radding, C. & Clark, W. (1992). *Medieval Architecture,Medieval Learning: Builders and Masters in the Age of Romanesque and Gothic*, New Haven: Yale University Press.

Ratzinger, J. (2000). *The Spirit of the Liturgy*, San Francisco: Ignatius Press.

Ruskin, J. (1960). *The Stone of Venice*, New York: Da Capo Press.

Ruskin, J. (1989). *The Seven Lamps of Architecture*, New York: Dover Publications Inc.

Saalman, H. (1993). *Filippo Brunelleschi: The Cupola of Santa Maria del Fiore*, London: Zwemmer.

Scott, R. (2003). *The Gothic Enterprise: A Guide to Understanding the Medieval Cathedral*, Berkeley: University of California Press.

Sekules, V. (2001). *Medieval Art*, New York: Oxford University Press.

Seymour, C. (1939). *Notre Dame of Noyon in the Twelfth Century*, New Haven: Yale University Press.

Shalin, S. (1971). *Structural Masonry*, New Jersey: Prentice−Hall Inc.

Shelby, L. (1969). "Setting Out the Keystones of Pointed Arches: A Note on Medieval Baugemetric," *Technology and Culture*, 4, 204−224.

Shelby, L. (1972). "The Geometrical Knowledge of Medieval Master Masons," *Speculum*, 47, 395−421.

Simson, O. (1974). *The Gothic Cathedral: Origins of Gothic Architecture and the Medieval Concept of Order*, Princeton: Princeton University Press.

Southern, R. (1990). *Western Society and the Church in the Middle Ages*, New York: Penguin Books.

Southern, R. (1992). *The Making of the Middle Ages*, New Haven: Yale University

Press.

Stalley, R. (1999). *Early Medieval Architecture*, Oxford: Oxford University Press.

Stoddard, W. (1972). *Art & Architecture in Medieval France*, New York: Harper & Rows, Publishers, Inc.

Timoshenko, S. (1953). *History of Strength of Materials*, New York: Dover Publications, Inc.

Tierney, B. (1992). *The Middle Age*, New York: McGraw–Hill Inc.

Trachtenberg, M. & Hyman, I. (1986). *Architecture from Prehistory to Post-Modernism: The Western Tradition*, Englewood Cliffs: Prentice Hall, Inc. & Harry N. Adams, Inc.

Vasari, G. (2006). *The Lives of the Most Excellent Painters, Sculptors, and Architects*, Modern Library.

Vilnay, O. & Cheung, S. (1986). "Stability of Masonry Arches," *Journal of Structural Engineering*, 112, 2185–2199.

Viollet–le–Duc (1854–1868). *Dictionnaire raisonne de l'architecture fracaise du XI au XVI siecle*, 10 vols., Paris.

Viollet–le–Duc (1987). *Lectures on Architecture, vols 1&2*, trans. Bucknall, New York: Dover Publications, Inc.

Viollet–le–Duc (1990). *The Foundations of Architecture: Selections from the Dictionnqire risonne*, trans. K. Whitehead, New York: George Braziller.

Viollet–le–Duc (1990). *The Architectural Theory of Viollet-le-Duc*, edited by Hearn, Cambridge: MIT Press.

Vitruvius (1960). *The Ten Books on Architecture*, trans. by Morgan, New York: Dover Publications, Inc.

Ward, C. (1915). *Medieval Church Vaulting*, Princeton: Princeton University Press.

Ware, S. (1809). *A Treatise of the Properties of Arches, and Their Abutment Piers*, London: Pranava Books.

Willis, R. (1845). *The Architectural History of Canterbury Cathedral*, London: Braunfell Books.

Wilson, C. (1990). *The Gothic Cathedral*, London: Thames and Hudson.

미완의 완성,
보배 대성당

고딕이 꽃피운 대성당의 시대

초판 발행   2025년 12월 5일

지 은 이   홍성우
펴 낸 이   김성배
펴 낸 곳   도서출판 씨아이알

책임편집   신은미
디 자 인   윤현경 엄해정
제작책임   김문갑

등록번호   제2-3285호
등 록 일   2001년 3월 19일
주   소   (04626) 서울특별시 중구 필동로 8길 43(예장동 1-151)
전화번호   02-2275-8603(대표)
팩스번호   02-2265-9394
홈페이지   www.circom.co.kr

I S B N   979-11-6856-356-8   93540